OBSERVATIONS GÉOLOGIQUES FAITES EN ITALIE

PAR

M. GOSSELET,
Professeur de Géologie à la Faculté des Sciences de Lille.

LILLE,
IMPRIMERIE DE L. DANEL.
1869.

OBSERVATIONS
GÉOLOGIQUES
FAITES EN ITALIE[1]

PAR M. GOSSELET,

Professeur de Géologie à la Faculté des Sciences de Lille.

I.

VÉSUVE.

Le but de mon voyage en Italie était d'étudier les formations volcaniques, de chercher à me rendre compte des phénomènes grandioses qui amènent à la surface de la terre les matières fondues de l'intérieur. Il n'est pas de question plus intéressante pour le géologue, il n'en est pas qui soulève autant de problèmes, qui ait donné lieu à plus de discussions. L'annonce d'une éruption émeut même les personnes étrangères aux sciences, et si le volcan en colère est situé dans une contrée accessible aux touristes, il devient le but des pèlerinages qui ne cessent ni jour, ni nuit. Quel spectacle plus saisissant que ces fleuves de feu descendant de la montagne de cascade en cascade, se perdant un instant pour reparaître un peu plus loin et s'étendre sous

1 Extrait des Mémoires de la Société impériale des Sciences, de l'Agriculture et des Arts de Lille, année 1868, IIIe serie, 6e volume.

Ce mémoire a été lu dans la séance du 19 juin 1868 ; aussi n'y est-il pas question des éruptions du Vésuve et de l'Etna postérieures à cette époque.

forme de lac incandescent. Quel souvenir plus impérissable peut-on rapporter de voyage, qu'une ascension de 1,200 mètres à la lueur des torches et en compagnie de guides déguenillés, qui inspirent souvent, à l'étranger, plus de crainte que de confiance.

Mais, c'est là du tourisme: le récit d'une pareille excursion vous l'avez lu vingt fois; je ne vous en entretiendrai pas de nouveau; je vous parlerai géologie et je pense vous être agréable en commençant par résumer les faits principaux qui ont marqué l'éruption du Vésuve de 1867-68.

Après la grande éruption de 1861, le sommet du Vésuve s'effondra et il se produisit un immense cratère de 700 à 750 mètres de circonférence qui continua à s'étendre par de nouveaux éboulements. Le repos du volcan était presque complet; à la fin de 1864, il n'était pas plus actif que la Solfatare de Pouzzoles. La grande éruption de l'Etna qui commença le 31 janvier 1865, fut le signal d'une nouvelle activité pour le Vésuve. Dans la nuit du 9 au 10 février 1865, il se forma, au fond du cratère, un cône de 5 mètres qui devint le centre de l'activité volcanique; de minute en minute, un bruit sourd se faisait entendre et il se produisait aussitôt une projection de scories et de lave fondue qui retombaient dans l'ancien cratère en s'accumulant autour de l'ouverture; de temps en temps, un épanchement de lave transformait le cratère en un lac de feu et s'ajoutait aux scories pour en exhausser le fond. M. de Verneuil qui visita ce cratère en avril 1865, lui trouva une profondeur de 60 à 65 mètres; le petit cône intérieur avait acquis une hauteur de 15 à 20 mètres (*fig. 4, pl. IV*). Le 1er juin, M. Fouqué reconnut que la profondeur totale était réduite à une quarantaine de mètres; le plus petit cône n'avait plus que 7 à 8 mètres d'élévation.

Le 10 mars 1866, au moment de l'éruption de Santorin, le Vésuve reprit une nouvelle activité; la lave sortit tranquillement des flancs du petit cône et remplit le cratère. L'éruption dura jusqu'en novembre avec des alternatives d'activité et de calme.

Le 11 juin 1867, M. Mauget mesura à la roulette, la circonférence du cratère et la trouva de 900 mètres; il était presque comblé par les laves; cependant, du côté sud, il présentait encore une dépression d'une vingtaine de mètres. Le cône intérieur s'élevait à 10 mètres au-dessus des bords du grand cratère et il était lui-même terminé par un petit cratère de 5 mètres de profondeur, d'où s'échappait des fumerolles d'acide chlorhydrique et d'acide sulfureux à une température d'environ 100°.

Le 12 novembre 1868 l'éruption se réveilla. Les énormes masses de lave compacte qui remplissaient le cratère furent brisées et soulevées, des scories furent projetées en l'air avec de vives détonations et la lave sortit par plusieurs bouches. Don Diego Franco, aide de l'observatoire du Vésuve, ayant fait l'ascension du volcan le 14 novembre, vit sur le bord N.-N.-E. du grand cratère deux fentes profondes. Le petit cratère situé au sommet du cône intérieur, projetait une foule de scories qu'il accompagnait de violentes détonations. Sur le flanc S.-O. du petit cône, une ouverture livrait abondamment passage à la lave; sur le flanc N.-E. trois autres bouches situées presqu'en ligne droite donnaient aussi passage à la matière fondue; deux autres ouvertures situées plus loin à la base du cône, toujours dans la même direction, avaient déjà cessé d'être des centres d'éruption. La lave après s'être accumulée dans le grand cratère passa au-dessus de son bord et s'écoula sur les flancs de la montagne dans toutes les directions.

Les diverses phases de l'éruption doivent être décrites par M. le professeur Palmieri, directeur de l'Observatoire du Vésuve. En l'absence des documents que nous fournira cette publication vivement attendue des savants, je n'entrerai dans aucun détail.

A une première période d'activité maximum succéda une seconde période où la lave coulait quelques heures, s'arrêtait également quelques heures et recommençait de nouveau à sortir du cratère. Ces moments de recrudescence de l'activité volcanique revenaient assez régulièrement pour que M. Palmieri ait cru y reconnaître des sortes de marées agissant sur la masse fluide interne.

Le 12 mars, la lave se fit jour sur le flanc S.-E. du Vésuve du côté de Pompeï. Je visitai ce point avec don Diego Franco qui avait suivi l'éruption de 1867-68 depuis son origine, et qui voulut être mon cicérone dans toutes nos excursions au volcan. Il n'y avait plus à proprement parler de cratère, la lave était sortie par une fente ouverte au milieu des laves de 1850 ; le courant avait été peu abondant. Lors de ma visite, on ne voyait plus que quelques fumerolles où don Diego constata la présence de la vapeur d'eau et de l'acide carbonique.

Ce fut le 22 avril que je montais pour la première fois au Vésuve avec M. le professeur Palmieri et don Diego. Don Diego et moi étions partis de Naples la veille. A peine avions-nous quitté Resina, ville située au pied de la montagne et où s'arrête le chemin de fer, que nous pûmes espérer assister à une éruption. Le volcan faisait entendre des détonations qui se répétaient toutes les 10 à 20 secondes, et dont le bruit parvenait jusqu'à nous bien que nous en fussions encore à 12 kilom. de distance.

En approchant nous commençâmes à distinguer les pierres et les blocs qui, à chaque explosion, étaient lancés en l'air, à une hauteur de 100 mètres environ. Nous vîmes nettement qu'il y avait deux bouches d'éruption : l'une presque au centre du cône lançait verticalement des gerbes de vapeur blanche ; l'autre, sur le côté nord, un peu plus bas que la précédente, était plus active. Les nombreux blocs et les épis de cendre noire qui en sortaient, prenaient une direction oblique et retombaient sur les flancs de la montagne. En attendant l'arrivée de M. Palmieri qui ne devait nous rejoindre que le lendemain, nous allâmes étudier la structure de la Somma. J'avais gravi, par le canal de l'Arena, jusqu'aux 2/3 de cette montagne, lorsqu'une détonation formidable me fit tourner les yeux vers le Vésuve. Au bas du petit cône supérieur, je vis un point lumineux et aussitôt après un jet de vapeur qui parvint en un instant jusque près de la base du Vésuve, laissant sur tout son parcours une traînée permanente ; c'était un courant de lave qui venait de s'ouvrir un passage.

Le lendemain nous partîmes de bonne heure de l'observatoire; le volcan s'était calmé, les détonations étaient rares, les projectiles presque nuls. L'ascension est pénible ; elle doit se faire sur la lave des mois de novembre et décembre derniers qui est à l'état de fragments scoriacés, roulant sous le pied, et rendant la montée et surtout la descente très-difficile. Au bout d'une heure, nous arrivâmes à la faible saillie qui marque encore le bord de l'ancien cratère (*fig.* 5, *pl.* IV). Celui-ci est complètement comblé ; à sa place s'élève le cône adventif qui s'est accru au point de constituer une montagne de 65 mètres de hauteur. De la base du cône sortaient, comme par des soupiraux, deux courants de lave : l'un, large d'environ 0,50 centimètres, n'avait que 10 m. de longueur et s'arrêtait à une petite cavité en forme de cuvette, où la lave s'accumulait. Cette coulée était peu incandescente et charriait, à la surface, de nombreuses scories consolidées, comme nos fleuves charrient des glaçons en hiver. Le second courant, celui que j'avais vu sortir la veille, avait une largeur de 2 mètres et roulait lentement portant à sa surface des scories à moitié formées. La masse était pâteuse ; des pierres de 2 kilogrammes que nous y jetions s'enfonçaient à peine. Il était rouge cerise, et la chaleur qui en rayonnait nous brûlait les mains et le visage. Néanmoins, en me garantissant le mieux que je pouvais à l'aide de mon chapeau et de mon mouchoir, je restai longtemps en contemplation devant ce spectacle que je voyais pour la première fois. La pensée que c'était probablement aussi pour la dernière m'y fit revenir à plusieurs reprises.

Je gravis le cône adventif et j'essayai de voir dans l'intérieur du cratère ; mais des vapeurs épaisses le remplissaient complètement et je ne pus rien distinguer.

Dans une seconde visite que je fis au volcan, le 5 mai, en compagnie de M. de Verneuil de l'Institut, et de M. Diego Franco, les vapeurs étaient un peu moins abondantes et me permirent de voir une partie du cratère. Les parois internes étaient taillées à pic et le bord lui-même surplombait ; il était évident qu'il y avait déjà eu des éboulements et que la montagne avait été plus élevée qu'elle ne l'était alors. La profondeur était d'une quarantaine de mètres, et du fond s'élevait deux cônes, l'un, presque central et dont il ne sortait que peu de vapeurs ; l'autre, septentrional, plus actif. Le fond du cratère présentait, en outre, de nombreuses fentes d'où se dégageaient des tourbillons de vapeur qui le remplissaient en partie; ce n'était que dans les moments où le vent les balayait que le regard pouvait y plonger. Impossible de rester sous le vent de ces vapeurs ; l'acide chlorhydrique et l'acide sulfureux qu'elles renferment suffoquent immédiatement.

C'est le cas de mentionner ici une découverte intéressante faite par don Diego Franco. Il a constaté de l'acide carbonique dans les fumerolles qui se dégagent des points où l'activité volcanique est encore très-intense. Jusque-là, on avait cru que ce gaz caractérise uniquement les dernières phases de l'activité éruptive.

Parmi les matières produites par sublimation, je citerai le gypse; lors de ma seconde visite, des croûtes blanches de sulfate de chaux environnaient tout le volcan ; on les aurait prises, de loin, pour de la neige. De place en place ressortissaient des taches jaunes dues à des chlorures de fer.

M. de Verneuil établit sur le point le plus haut du cratère, un excellent baromètre qu'il avait comparé quelques instants avant avec celui de l'observatoire du Vésuve. Il trouva que le cône de 1867-68 avait une élévation de 67 mètres au-dessus du bord de l'ancien cratère. Voici quelques renseignements que cet aimable savant m'écrivit, il y a quelques jours, et qui intéresseront, je l'espère, la Société.

« J'ai calculé la hauteur de la montagne et j'ai trouvé 1,287 mètres au-dessus de la mer ; c'est-à-dire, 650 mètres au-dessus de l'observatoire, celui-ci ayant, comme on nous l'a assuré, une altitude de 637 m., cela nous donne 1,287 mètres. M. Pentland m'a assuré que M. Schiavone, directeur du bureau topographique de Naples, que je n'ai pu voir, attendu qu'il était malade, avait mesuré le Vésuve le 5 avril par la méthode trigonométrique et lui avait trouvé 1,296 mètres. Avant le 12 novembre dernier, le Vésuve devait être plus bas, car le cône de 67 mètres n'existait pas. En 1855, d'après M. Schiavone, le Vésuve avait 1,271 mètres, et en 1862, 1,285 mètres. »

D'après ces mesures on voit que la forme du Vésuve varie souvent. A la fin de l'éruption de 1861, le Vésuve avait 1,285 mètres. Un effondrement de toute la partie supérieure de la montagne donna naissance à un grand gouffre qui se combla peu à peu par les pierres qui éboulaient de ses bords, par les scories et les coulées de laves qui sortaient du cratère situé au centre. Autour de celui-ci se formait un petit cône qui s'élevait chaque jour à mesure que le grand cratère se remplissait. En 1867, ce cône inférieur était visible de Naples. L'éruption de 1867-68 l'exhaussa complètement et ses talus se confondirent presqu'entièrement avec ceux du cône extérieur. Il y a quelques mois, il y eut écroulement du sommet et formation d'un grand cratère au centre duquel se produisirent deux petits cônes : ceux-ci s'exhaussent chaque jour en même temps que le cratère se remplit, et il viendra un moment où, après s'être réunis, les deux cônes s'accroîtront assez pour joindre les parois du cratère, et le Vésuve n'aura plus alors qu'un seul cône. Cet état ne durera pas ; un nouvel effondrement produira un nouveau gouffre dans lequel prendra naissance un nouveau cône intérieur. On voit quelquefois jusqu'à trois cônes superposés et entés les uns sur les autres. Depuis 1794 on compte six effondrements considérables de la partie supérieure du volcan, et six fois la montagne se reconstitua. Un jour viendra, peut-être, où elle s'abîmera tout entière ne laissant à sa place qu'un gouffre immense ou un lac sans fond.

C'est probalement à un phénomène de ce genre qu'est due la formation de la Somma. On sait que le mont Somma entoure le Vésuve d'un demi-cercle. C'est le reste d'un ancien volcan (*fig.* 6) qui avait son cratère à peu près où le Vésuve a le sien et dont les laves étaient de même nature que les laves actuelles du Vésuve. Celles-ci sont à base de *leucite* (amphigène) et de *pyroxène*, comme les laves de la Somma, et leur structure minéralogique n'offre que peu de différences. A quelle époque la Somma était-elle active? A quelle époque s'effondra-t-elle? Autant de questions sans réponses.

Strabon, contemporain d'Auguste et de Tibère, après avoir parlé d'Herculanum et de Pompeï, ajoute : « Au-delà de ces deux villes se trouve le Vésuve entouré de champs très-fertiles, mais son sommet est stérile et en grande partie plat. » Si alors comme aujourd'hui, la montagne avait offert deux sommets; l'un disposé en amphithéâtre autour de l'autre, nulle doute qu'un auteur aussi exact n'eût indiqué une pareille conformation. Tout porte à penser que la Somma connue alors sous le nom de Vésuve avait déjà eu des éruptions. Car Herculanum était bâtie sur une coulée de lave, et les nombreuses meules de boulanger trouvées à Pompéï sont faites avec des laves de la Somma.

Puisque je cite Pompéï, je vous dirai quelques mots des roches volcaniques qui la recouvrent, d'autant plus qu'on rapporte souvent la forme actuelle de la Somma à l'éruption qui détruisit en 79, Pompéï, Herculanum et Stabies. On dit même que ces villes ont été ensevelies sous les débris provenant de la partie de la montagne lancée en l'air par la force volcanique. Outre une foule de raisons qui s'y opposent et que je donnerai plus loin, il y en a une qui domine tout. La Somma est formée de leucitophyre et Pompéï est ensevelie sous des ponces.

Le *leucitophyre* est une roche formée de *leucite* ou *amphigène* (silicate d'alumine et de potasse, cristallisant dans le système cubique) et de *pyroxène augite* (silicate de fer et de chaux). Souvent les deux éléments sont très-visibles : il y a des cristaux de leucite blanche et de pyroxène noir-verdâtre empâtés dans une masse grise, qui, elle-même vue au microscope, se montre comme un mélange des deux éléments en particules très-fines.

La *ponce* est un aggrégat de filaments vitreux enchevêtrés dans tous les sens, comme feutrés et appartenant à une espèce minérale nommé *feldspath orthose* (silicate d'alumine et de potasse plus riche en silice que l'amphigène et cristallisant dans le système klinorhombique).

Le *calcaire* que l'on trouve à Pompéï mélangé avec la ponce, est blanc saccharoïde ; il a été rejeté par le volcan qui l'a arraché aux parois de sa cheminée et l'a profondément modifié. Souvent il y a fait naître des minéraux particuliers dont le plus abondant est *l'idocrasse* ou *vésuvienne*.

On a émis sur la cause qui détruisit Pompéï plusieurs hypothèses; on y a vu l'effet : 1° de la chute des pierres provenant d'une partie de la Somma projetée en l'air par la force volcanique ; 2° d'un courant de lave ; 3° d'une pluie de cendres ; 4° d'un torrent boueux ; 5° de l'éboulement d'une partie de la Somma dont les débris auraient été entraînés par des eaux pluviales.

La raison que j'ai donnée plus haut et qui force à rejeter la première hypothèse s'oppose aussi à la cinquième. La seconde ne peut pas être admise davantage, car il n'y a pas l'ombre d'un courant à Pompéï. Voici la coupe d'une tranchée faite pour le déblayage de la ville romaine à l'extrémité de la rue du Vésuve.

1° Cendres grises et ponce formant une couche cohérente *(Tuf)* renfermant des fragments de leucitophyre.	1.00
2° Scories noires de leucitophyre.	0.30
3° Cendres grises à noyaux pisolitiques (épaisseur irrégulière)	0.10
4° Cendres grises et ponce en couche cohérente quelquefois dure	0.50
5° Débris de travertin et de briques provenant des maisons. .	0.60
6° Cendres, ponce et calcaire blanc en couche cohérente. . .	0.30
7° Ponce, lapillis blancs et calcaire.	0.05
8° Cendres fines stratifiées.	0.10
9° Ponce, lapillis blancs et calcaire	2.50
	5.45

La surface de séparation des couches 4 et 5 est irrégulière; la couche supérieure pénétrant dans les interstices des mœllons et les briques qui forment la couche inférieure. Elle est au niveau de la moitié des édifices voisins. On peut facilement constater que l'ensevelissement de Pompéï a eu lieu en deux fois au moins. Dans la première éruption une pluie de ponces et de cendres est tombée sur la ville; celle-ci a été abandonnée; puis sous l'influence du temps les bâtiments sont tombés en ruine et leurs matériaux jonchant le sol ont produit la couche de débris n° 5. Les couches 3 et 4 paraissent dues à une seconde éruption de nature également ponceuse. La couche n° 2 est le produit d'une éruption postérieure à base de leucitophyre; quant à la couche n° 1 elle peut bien provenir du cône actuel.

Les ponces n'ont pu être amenées par un courant boueux, car elles sont simplement juxtaposées formant un dépôt meuble et il ne reste aucune trace de la boue qui les aurait empâtées. Du reste la ponce pénètre dans tous les édifices et en moule extérieurement tous les contours comme le ferait du plâtre. Un tel dépôt n'a pu être brusque et ce fait s'accorde avec le petit nombre de squelettes qu'on a trouvés. Tout annonce que l'ensevelissement s'est fait lentement et lorsque presque tous les habitants avaient pu s'échapper. Si la coupe donnée par Sir Charles Lyell [1] et prise à une autre extrémité de Pompéï pénètre jusqu'au bas du sol, elle montre que le dépôt inférieur de ponce est d'une épaisseur inégale. J'ai constaté en effet que dans une autre tranchée il avait à peine 80 centimètres. C'est du côté même où il est le plus abondant qu'ont été trouvés les cadavres, les soldats étendus dans un corps de garde et les 75 personnes de la maison de Diomède, collées en quelque sorte contre les murs par des particules fines de cendres grises cimentées probablement par des infiltrations de carbonate de chaux.

Il reste toujours un problème qui ne me semble pas résolu. Pourquoi les habitants de Pompéï n'ont-ils pas déblayé leur ville couverte seulement de 1 mètre 50 à 3 mètres de débris meubles, très-faciles à enlever. Il est probable que ce fut l'effet d'une superstition. Leur cité venait d'être en grande partie détruite par un tremblement de terre ; on n'avait pas même fini de la reconstruire ; ils la crurent maudite et l'abandonnèrent. Eurent-ils tort? — Non, puisque nous voyons qu'une seconde éruption vint couvrir les ruines de nouvelles cendres.

Celles-ci nous montrent un phénomène bien curieux ; c'est la présence d'un nombre considérable de pisolites, de globules de la grosseur d'un grain de raisin, souvent creux et composés uniquement de cendres agglutinées. M. Scrope fut témoin en

1 La tranchée visitée par cet illustre géologue présentait les couches suivantes :

1°	Sable volcanique de 1822.	1.05
2°	Terre végétale	0.90
3°	Tuf cohérent à globules pisolitiques . . .	0.35
4°	Petites scories et lapillis blancs.	0.07
5°	Tuf brun à globules pisolitiques . . .	0.22
6°	Tuf brun avec lapillis en couches. . . .	1.20
7°	Lapillis blanchâtres	0.02
8°	Tuf gris solide.	0.06
9°	Ponce et lapillis blancs	0.06

1822 de la formation de ces globules sous l'influence des gouttes de pluie tombant au milieu des cendres volcaniques.

La nature des matières volcaniques qui remplissent Pompéï a un intérêt très-grand au point de vue géologique. Je vous ai dit que la Somma était essentiellement formée de lave, de scories, de cendres à base de leucite. A une époque intermédiaire correspondant à l'ensevelissement de Pompéï, la nature des déjections volcaniques était tout autre ; elles étaient à base de feldspath orthose, bien plus riches en silice et cette époque est également remarquable par l'absence de laves. Nulle part aux environs du Vésuve, on ne trouve de bancs de lave à base d'orthose [1] bien que sur toute la surface non recouverte par les scories actuelles du Vésuve, la Somma soit revêtue d'un manteau de ponce et de lapillis ponceuses mélangés de calcaire blanc. Ce fait de l'absence de lave à base d'orthose s'accorde bien avec l'histoire. Pline ne parle aucunement de courant de lave en l'an 79. Jusqu'en 1036, la plupart des éruptions furent signalées par la prodigieuse quantité de cendres qu'elles émirent sans qu'on puisse constater de véritable coulée de lave. Voici ce que dit Marcellinus de l'éruption de 472 : « Sous le consulat de Marcianus et de Festus, le Vésuve, montagne de Campanie, vomit ses entrailles. La poussière fine qui en sortit transforma le jour en nuit sur toute la surface de l'Europe. » Procope ajoute que le vent porta les cendres jusqu'à Constantinople. Lors de l'éruption de 512 les cendres allèrent jusqu'à Tripoli et des fleuves de poussière descendirent du volcan. Ainsi les phénomènes éruptifs du Vésuve nous présentent trois phases bien distinctes :

1° Éruption de leucitophyre.
2° Éruption ponceuse.
3° Éruption de leucitophyre.

1 On rencontre cependant, sur les flancs du Vésuve, quelques fragments de trachyte qui ont pu provenir d'une ou plusieurs coulées de lave orthosique.

II.

CHAMPS-PHLÉGRÉENS.

Le Vésuve n'est pas un volcan isolé ; il se trouve dans le voisinage d'une contrée toute volcanique qui doit à son mode de formation le nom de Champs-Phlégréens.

Les Champs-Phlégréens situés à l'ouest de Naples (*fig.* 1, *pl.* I forment tout un côté du Golfe que les Romains de l'empire, nos maîtres en volupté, avaient choisi pour y bâtir leurs maisons de campagne. Ici la baie de Baïes et le cap Misène, là le lac Lucrain et le lac Averne, puis Cumes et la grotte de la Sibylle. Que de souvenirs lorsqu'on s'y promène, Virgile à la main, mais que d'émotions si, laissant le poëte, on cherche à lire dans le grand livre de la nature. Toute la contrée est volcanique ; les volcans se touchent ; Breislak en compte 27 : les uns ont leurs cratères parfaitement conservés, on les croirait éteints d'hier ; les autres sont à peine reconnaissables. L'activité volcanique n'y a pas complètement disparu. Aux bains de Néron (4, *fig.* 1), de la vapeur d'eau, à une température de 55°, sort d'une fente de la roche ; sur les bords du lac d'Agnagno (5, *fig.* 1), qui est un ancien cratère, se dégagent en bouillonnant des bulles d'acide carbonique ; à 10 mètres de là se trouve la célèbre Grotte du chien (6, *fig.* 1) ; au lac Fusare, sur les bords de la mer, le gaz carbonique est mélangé d'acide sulfhydrique. A la Solfatare de Pouzzoles (3, *fig.* 1), les mêmes gaz s'échappent en sifflant par plusieurs ouvertures. Les rochers environnants, de nature *trachytique*, c'est-à-dire formés essentiellement de silicate d'alumine et de potasse, sont profondément altérés par ces vapeurs acides. Le trachyte est désaggrégé et transformé en une substance blanche pulvérulente que l'on purifie par plusieurs lixiviations et qu'on livre ensuite au commerce sous le nom de *bianchetto* pour étendre les couleurs employées à la décoration des maisons. C'est actuellement la seule industrie dont la Solfatare soit le siége. Il y a quelque temps on en tirait du soufre et de l'alun. Tout autour des fumerolles, il y a formation de croûtes cristallines de soufre et de sulfates divers : alun de potasse, alun d'ammoniaque, hallotrichyte (sorte d'alun de fer), coquimbite (sulfate de sesquioxyde de fer à deux équivalents d'eau), gypse, sulfate de magnésie, sulfate de soude, ces deux derniers douteux. On y a trouvé en outre de la pyrite (sulfure de fer), du mispickel (sulfo-arseniure de fer) du réalgar et de l'acide borique. Ce sont là de nombreux éléments industriels, qui seront bientôt mis en œuvre, il faut l'espérer, maintenant que la Solfatare appartient à un éminent chimiste, M. de Luca, professeur à l'université de Naples.

Lorsque je visitai les diverses fumerolles des Champs Phlégréens, guidé par M. Mauget, ingénieur civil à Naples, il nous sembla que ces émanations étaient partout plus actives que lorsqu'elles furent étudiées par M. Deville. Cette recrudescence ne serait-elle pas en rapport avec l'éruption actuelle du Vésuve ?

Le gamin qui nous accompagnait dans la Solfatare ne manqua pas, comme il le fait toujours, de lancer un pavé sur le fond de ce cratère éteint : On entend le choc résonner comme celui d'un coup de canon. Il semble qu'il n'y ait qu'une mince croûte de lave formant voûte au-dessus d'une cavité en communication avec le foyer volcanique. La Solfatare a pu être plus ou moins active, lancer plus ou moins de vapeur; mais l'histoire ne fait pas mention de ses éruptions. Strabon et Cornelius Severus la décrivent telle qu'elle est maintenant; il est vrai que deux auteurs du XVIIe siècle parlent d'une éruption qui aurait eu lieu en 1198; on ne sait où ils ont puisé cette assertion. M. Scacchi, le savant cristallographe et géologue napolitain qui a étudie avec tant de soins les volcans de la Campanie, fait remarquer qu'il y a en deux points sur la pente extérieure de la Solfatare un tuf jaune sous lequel on a rencontré des antiquités. Serait-ce un produit de l'éruption de 1198?

Un autre volcan des Champs Phlégréens fit éruption à une époque plus récente. En 1538, il s'y produisit un volcan dans la plaine entre Pouzzoles et le lac Lucrin, au milieu de la grande rue du bourg de Tipergola et derrière l'hôpital du lieu. Il nous reste quatre récits de cette éruption dont trois au moins sont dus à des témoins oculaires. De leur lecture on peut conclure qu'après plusieurs tremblements de terre, plusieurs oscillations qui baissèrent, puis soulevèrent brusquement le sol, il se fit une fente d'où sortit une grande quantité de pierres et de cendres qui en s'accumulant autour de l'ouverture donnèrent naissance à une montagne conique de 120 mètres de hauteur qui fut appelée Monte Nuovo (17, *fig.* 1)[1]. Vingt-quatre heures suffirent pour la former presque entièrement. Elle est composée de cendres grises agglomérées, disposées en couches qui inclinent du centre vers la circonférence. Au milieu des cendres on trouve des fragments plus ou moins volumineux de scories et d'autres fragments qui ont l'air cuits, car ils sont rouges comme de la brique. Ils paraissent être de même nature que le tuf du Pausilippe, employé de tout temps à Naples pour les constructions et l'un d'eux semble taillé comme s'il provenait réellement d'un édifice de Tupergola. Cette montagne, élevée de 132 mètres

1 Bien que je ne veuille pas entrer incidemment dans une discussion théorique, je ne puis parler de l'éruption du Monte Nuovo sans protester contre les explications de soulèvement total ou même partiel qui ont été données pour rendre compte de la formation des cônes volcaniques et spécialement du Monte Nuovo. Je puis d'autant moins me taire que malheureusement pour les géologues français, les publications des uns et le silence des autres font croire que nous adoptons tous une théorie universellement condamnée à l'étranger.

au-dessus du niveau de la mer est terminée par un cratère parfaitement formé de 115 mètres de profondeur. A la partie sud-ouest, du côté où elle est le moins élevée, il y a une coulée de laves scoriacées qui recouvre le flanc du cône ; il semble qu'après une éruption de cendres qui a élevé le cône volcanique, la lave a débordé au-dessus des bords du cratère. Au fond de celui-ci est une partie stérile, rocailleuse, qui me paraît formée par de la lave consolidée dans la cheminée volcanique. Un fait intéressant à signaler, c'est la présence de coquilles marines au milieu du tuf; outre les huîtres que l'on rencontre abondamment au fond du cratère et qui ont pu y être apportées de main d'homme à une époque très-récente, j'ai ramassé dans le tuf même de l'intérieur du cratère un fragment de *cardium* et un petit gastéropode. On peut se demander si ces coquilles ont été arrachées par le volcan aux terrains constituant les parois de sa cheminée ou si elles ne proviennent pas d'une communication accidentelle qui se serait établie entre la mer et la cavité volcanique au moment de l'éruption. On pourrait encore voir une preuve en faveur de cette hypothèse dans la circonstance que la lave du Monte Nuovo est très-riche en chlore et en soude. Le pied de la montagne a été coupé par l'établissement de la route de Pouzzoles à Baïa. Dans cette coupe et dans la falaise on trouve le même tuf et les mêmes laves qu'au sommet de la montagne et dans le cratère. Les laves du Monte Nuovo présentent un caractère particulier qui permet de les reconnaître de toutes celles de la Campanie. Elles ont une sonorité qui leur a fait donner par Abich le nom de phonolithes.

La matière minérale qui constitue les volcans des Champs Phlégréens n'est pas la même que celle que l'on trouve au Vésuve, elle est à base de feldspath orthose, tandis que celle du Vésuve est à base de leucite et de pyroxène. Les laves du Vésuve sont des *leucitophyres*, celles des Champs Phlégréens sont des *trachytes*. On désigne ainsi certaines roches formées uniquement de feldspath orthose (silicate d'alumine et de potasse), d'aspect vitreux, en petits cristaux plus ou moins fortement aggrégés. Les angles de ces petits cristaux font autant d'aspérités microscopiques; aussi la roche qui résulte de leur aggrégat est-elle rude au toucher; d'où le nom de trachyte qui lui a été donné. Quelquefois au milieu de la roche se détachent des cristaux beaucoup plus gros qui donnent au trachyte un aspect porphyroïde. Tantôt la lave est sortie de la partie supérieure ou de la partie moyenne du cratère et s'est étendue à la surface du sol, absolument comme le font les coulées actuelles du Vésuve; c'est ce qui est arrivé au Monte Nuovo, à la Solfatare et dans d'autres volcans. On voit parfaitement le long de la route de Pouzzoles une coulée de trachyte sortie de la Solfatare. D'autres fois le trachyte semble s'être borné à remplir de larges fentes ouvertes sur les flancs de la montagne; peut-être n'est-ce que la tête d'anciennes coulées aujourd'hui cachées par des dépôts plus récents; telle est par rapport à la Solfatare le Monte Olibano (3, *fig.* 1), exploité par les galériens pour les travaux du port de Naples, le Monte Spina sur le bord du lac d'Agnagno et le Monte de Crépaï dans l'intérieur de l'Astroni.

Ce dernier cratère (8, *fig.* 1) est bien remarquable, et comme il nous offre un exemple du troisième mode de distribution du trachyte, je vais vous en parler avec détail. Il forme un entonnoir elliptique, presque régulier, de 10 kilomètres de circonférence et de 250 mètres de profondeur. Les parois intérieures sont presqu'à pic; on ne peut les franchir que par une brèche pratiquée artificiellement. On a fait de cet immense cratère une réserve de chasse royale; à chaque pas on y fait lever une bande de sangliers ou un couple de chevreuils. La montagne est formée de tuf gris rempli de pierres ponces et de fragments trachytiques. Au centre il y a trois grands rochers trachytiques, l'un arrondi, la Rotendella, composé de trachyte poreux, se décompose facilement et deux autres formant deux arêtes dirigées du Sud-Est au

Nord-Ouest. Ces trois rochers constituent par leur ensemble une masse de trachyte qui remplit le fond du cratère ; c'est la lave compacte consolidée dans l'ancienne cheminée volcanique. A l'extérieur du cratère les couches de tuf et de ponce plongent vers le pourtour ; à l'intérieur, au contraire elles inclinent vers le centre et semblent s'enfoncer sous le trachyte ; on ne peut donc pas dire que la montagne doit son relief au trachyte qui l'a soulevée. La stratification est ondulée et quelquefois discordante, il arrive par exemple que les couches supérieures sont plus inclinées que les couches inferieures et remplissent des sortes de ravins creusés au milieu de celles-ci (*fig.* 5). C'est une structure tout à fait comparable à celle qu'offre le Vésuve et presque tous les volcans des Champs Phlégréens. On peut la considérer comme caractéristique des cônes volcaniques avec la disposition des couches en toit de chaque côté de l'arète qui forme la circonférence du cratère. Cette disposition doublement anticlinale a reçu de M. Poulett Scrope, le nom de structure *quaquaversale*, il en cite comme exemple la falaise du Cap Misène ; il aurait tout aussi bien pu prendre la tranchée du chemin de Baïa au lac Fusare.

Tous ces cônes volcaniques Phlégréens sont entés sur un terrain volcanique plus ancien, le tuf du Pausilippe, qui forme au sud-ouest de Naples une colline allongée suivant la direction du rivage. On ne pouvait se rendre de Naples à Pouzzoles sans franchir cette crête élevée de 170 mètres ; aussi les Romains y ont-ils creusé un souterrain long de 690 mètres. De nos jours encore, ce tunnel, connu sous le nom de grotte du Pausilippe, est l'une des voies les plus fréquentées des environs de Naples. Le tuf du Pausilippe est jaune à la partie supérieure, vert à la partie inférieure ; il renferme beaucoup de fragments de ponce décomposée et quelques scories de trachyte. On n'a pas encore pu déterminer quel était le point ou les points d'éruption de toutes ces matières ; on ignore même si leur dépôt s'est fait en plein air ou sous les eaux de la mer. On l'exploite et on s'en sert comme pierre de taille pour la construction des maisons [1].

On emploie aussi pour les édifices de Naples une autre pierre plus dure, le *pépérino*. C'est une sorte de trachyte qui vient du grand cratère de Pianura. Elle offre dans une masse gris-clair assez compacte, des noyaux scoriacés d'un gris sombre, généralement allongés dans un sens comme des flammes. Son origine a donné lieu à plusieurs discussions et entre autres à un mémoire très-intéressant de M. le professeur Guiscardi. Cet excellent collègue m'a mené visiter les carrières de Pianura; nous avons beaucoup discuté la question et nous avons conclu qu'elle demandait encore de nouvelles études. Depuis j'ai vu des trachytes assez semblables, à Ischia, et j'ai dû modifier mes idées pour me rapprocher sensiblement de celles de M. Guiscardi. Les parties scoriacées grises qui forment les flammes me paraissent consolidées antérieurement à la masse du trachyte; ce sont des scories qui ont été entraînées par le courant de lave ou de cendres boueuses lorsqu'elles étaient encore à l'état pâteux et qui se sont étirées dans un même sens, celui du courant. C'est là, à mon avis, l'origine de la disposition en flamme de plusieurs roches éruptives; mais je suis loin de nier que d'autres causes n'ont pu amener le même effet.

Aux Champs Phlégréens se rattachent les îles de Nisita, Procida et Ischia (*pl.* 1, *fig.* 1).

1 A l'extrémité sud du Pausilippe, on remarque que la colline est formée de deux terrains superposés; l'inférieur, compacte-jaunâtre, sans stratification, qui est le véritable tuf du Pausilippe; le supérieur, sableux, stratifié, riche en débris de ponce et d'obsidienne. On voit très-bien ces deux tufs à la descente de la route de Naples à Pouzzoles, sans passer par la grotte du Pausilippe (*fig.* 8, *pl.* IV); leur surface de jonction indique que le tuf compacte a été raviné avant le dépôt du tuf sableux. Celui-ci m'a paru provenir d'un volcan analogue aux volcans des Champs-Phlégréens; mais il serait bien difficile de désigner le cratère dont il provient : il est peut-être maintenant abîmé dans les flots.

Nisita semble la continuation de la crête du Pausilippe dont elle n'est séparée que par un détroit de 400 mètres de largeur et de 6 mètres et demi de profondeur. C'est un petit cône volcanique parfaitement formé; le cratère est échancré vers le sud-ouest et la mer y pénètre.

Les îles de Procida et d'Ischia sont voisines l'une de l'autre: l'île d'Ischia surtout est célèbre en géologie par ses trachytes, ses coquilles modernes portées à une grande hauteur, ses bains d'eaux thermales, ses fumerolles, etc. Celles-ci sont bien connues grâce aux travaux de M. Deville et de M. Mauget; mais il n'en est pas de même de la géologie proprement dite.

Pendant trois jours j'ai parcouru l'île en tous sens avec M. Mauget et nous l'avons quittée en regrettant vivement de n'avoir pas quinze jours à y consacrer. Sa carte géologique serait des plus intéressantes; nous avons fait des vœux pour que cette œuvre si utile et si attrayante tentât notre ami Guiscardi dont l'esprit judicieux et pratique ne pourrait trouver un meilleur emploi. L'île est très-montueuse, les chemins à peine tracés; chevaux et voitures y sont inconnus; tout le monde va à âne, même les gendarmes. Pour quatre francs par jour on peut avoir un âne et un ânier; l'ânier est indispensable, car c'est à lui seul que l'âne obéit; ni bride, ni bâton, ni cravache ne peuvent le décider à hâter le pas si son conducteur atitré n'a fait entendre un son tiré à la fois du nez et de la gorge et qu'un larynx civilisé ne peut, je crois, reproduire.

Pendant notre séjour à Ischia, M. Mauget mesura la température des sources chaudes et des fumerolles; il fit l'analyse de plusieurs de celles-ci, et il reconnut que ces émanations comme celles des Champs Phlérgéens étaient plus actives que lors de la visite de M. Deville.

Trois ordres de rochers concourent à former l'île : Le tuf, prolongement de celui du Pausilippe; des marnes et des argiles fossilifères, et des roches essentiellement volcaniques (trachytes, ponces, cendres).

La dernière éruption qui eut lieu à Ischia est de 1301. Elle n'est connue que par les récits d'auteurs écrivant au milieu du xvie siècle, et qui, par conséquent, ne rapportaient que ce qu'ils avaient appris par tradition. On ne sait même pas l'époque exacte où elle eut lieu. Elle dura deux mois et produisit une coulée de lave aujourd'hui nommée coulée de l'Arso (**21**, *pl.* I). Le courant s'épancha jusqu'à la mer, parcourant une distance de deux milles et détruisant beaucoup de maisons. On dit que la lave sortit d'une fente sans qu'il se produisît de cratère; nous n'avons pas eu le temps d'étudier la question, mais les montagnes qui sont au S.-O. de l'origine de la coulée, nous ont paru couverte de menues scories, et nous nous demandons si on ne pourrait pas trouver là des traces d'un cratère contemporain de la coulée de l'Arso.

Ce n'est pas la seule éruption d'Ischia dont il soit question dans les anciens auteurs. Plusieurs colonies grecques : les Erythréens d'abord, les Chalcidiens, ensuite, vinrent habiter Ischia et en furent chassés par la violence des éruptions. L'an 380 avant J.-C., Hiéron, roi de Syracuse y construisit une citadelle qui fut presqu'aussitôt détruite également par une éruption. Strabon rappelle que Timée racontait que peu de temps avant son époque, pendant un tremblement de terre, le Mont Epoméo vomit des flammes; et que la terre entre cette montagne et la côte, éjacula beaucoup de matières fondues qui coulèrent dans la mer. Celle-ci recula de trois stades et revint en couvrant l'île. On croirait lire l'histoire actuelle de l'île Havaï.

Il est bien difficile de retrouver les cratères qui produisirent ces éruptions. Ceux qui sont les mieux formés sont le Matagnogne (**20**, *pl.* I) et le Monte Rotaro (**18**, *pl.* I).

Ce dernier cratère a servi à la sépulture des cholériques lors de la dernière épidémie. De son pied part une énorme coulée de trachytes qui forme le mont Thabor (**19**, *pl.* I), et va se montrer sur la falaise de la mer à la Punta di Castiglione. Elle repose là, sur un tuf volcanique formé de cendres durcies alternant avec des laves de ponces. Sur la falaise entre la Punta di Castiglione et la Punta della Scofra, on peut suivre cette coulée de trachyte qui forme le sommet de l'escarpement (*fig.* 12, *pl.* VI). Au milieu du tuf, il y a une petite couche de sable marin avec les mêmes coquilles que celles que l'on trouve de nos jours sur le rivage. Plus près de la Punta della Scofra, entre le tuf et la vallée de trachyte, il y a une roche argileuse rougie par l'espèce de cuisson que lui a fait subir la lave. La Punta San Piètro, près de Bagno, est également formée par deux coulées de trachyte superposées et qui paraissent sorties du Montagnogne.

On a beaucoup discuté sur la position des trachytes par rapport au tuf ponceux. Nous venons de voir qu'à la Punta di Castiglione, il est plus récent, puisqu'il repose sur ce tuf.

Aux bains de Santa Restituta, marine de Lacco (*fig.* 9, *pl.* V), on voit quinze mètres, au moins, de tuf gris formé presqu'entièrement de petits débris de pierre ponce recouvrant une couche de 60 centimètres, composée de lapillis de ponce de la grosseur du pouce, légèrement courbe et inclinée de 22 à 35°. Puis, vient une couche d'argile grise assez irrégulière, elle a environ 60 c. et représente un ancien sol végétal. Enfin, à la base, est un nouveau tuf renfermant de nombreux fragments et même des blocs éboulés de trachyte. N'est-il pas évident que le trachyte est plus ancien que le tuf ponceux ou tout au moins que le tuf ponceux supérieur : on pourrait en avoir une autre preuve dans le prolongement de la même montagne (*fig.* 10). Dans le vallon qui la sépare de l'île, on voit deux énormes pitons de trachyte séparés par une centaine de mètres. Entre eux se trouve des lits de tuf ponceux bien stratifiés, qui se relèvent des deux côtés en s'appuyant contre les pitons trachytiques. Les couches inférieures après s'être relevées un peu s'arrêtent en buttant contre le trachyte. Dans quelques endroits, au contact de celui-ci, on trouve une petite couche d'argile à éléments volcaniques, tout à fait semblable à celle que j'ai signalée à Santa Restituta. J'explique la disposition de ce terrain en admettant que le tuf ponceux s'est déposé après la formation des deux pitons trachytiques, et a rempli la vallée qui les séparait.

A la Punta del Schiavo, au S.-O. de l'île (*fig.* 11), on peut constater que le trachyte est intercalé dans le tuf; il y forme des bandes variables par leur couleur et leur structure, qui se réunissent en une même masse dont elles ne paraissent être que des digitations. M. Mauget, en face de cette coupe des plus intéressantes, en a trouvé une explication qui me semble très-plausible. Il admet que les ponces et les trachytes proviennent d'éruptions d'un cratère voisin, dont les éruptions produisaient, comme celles de tous les volcans, une foule de scories et de cendres, et par moment, des coulées de lave. Le niveau de la mer était plus élevé qu'il ne l'est actuellement, ou plutôt la côte était plus basse, de sorte que le dépôt de ces subtances volcaniques se produisait en partie sous la mer. Dans les endroits où, soit le courant, soit la vague agissait avec violence, les ponces étaient enlevées et les coulées successives se superposaient directement, tandis qu'elles restaient séparées là où la ponce n'avait pas été entraînée. A la Punta del Imperatore, on voit également un banc de trachyte au milieu du tuf ponceux.

De tous ces faits on peut conclure que le trachyte est contemporain de la ponce; il est la lave, tandis que la ponce est la scorie. Tous les volcans d'Ischia comme ceux des Champs Phlégréens ont produit des trachytes; la coulée de l'Arso comme la lave du Monte Nuovo, est trachytique. On peut même dire que le trachyte et la p[illegible] à base de feldspath orthose, constituent les productions les plus ordinaires des volcans d'Europe, dans la période géologique actuelle. Les volcans des îles Lipari et de Santorin ont la même composition que ceux des Champs Phlégréens. Le Vésuve fait exception; mais au commencement de l'ère chrétienne il rentrait dans la règle générale. Quant à l'Etna, il a toujours produit des laves différentes à la fois de celles du Vésuve et des Champs Phlégréens, différentes, par conséquent, de celles de ses voisins Stromboli et Vulcano.

Mais avant de passer à l'Etna, je veux vous parler des autres formations de l'île d'Ischia : le tuf et les marnes fossilifères.

Le tuf est le prolongement de celui du Pausilippe; il est jaune, blanc ou vert; quelques bancs sont d'un beau vert d'aigue-marine, il est formé de cendres ponceuses empâtant des fragments de ponce à demi-décomposée. Il constitue une arête qui traverse l'île de l'est à l'ouest, dans la direction approximative du Pausilippe, et dont le sommet le plus élevé est le Mont Époméo (23, *fig.* 1). Il atteint en ce point 795 mètres au-dessus du niveau de la mer; vers le nord et vers le sud, ses pentes sont très-rapides; des blocs énormes s'en détachent fréquemment et roulent sur les flancs. On peut prévoir le moment où la crête, déjà bien étroite, qui sépare les deux versants, s'éboulera, soit d'un côté soit de l'autre.

Si l'altitude absolue de l'île diminue depuis longtemps déjà, par ces éboulements, elle s'est accrue pendant de longues années, par suite d'un exhaussement général du sol. On trouve des couches fossilifères, à Ischia, jusqu'à une hauteur d'environ 520 mètres au-dessus du niveau de la mer. Ce sont des marnes blanchâtres ou blanc-verdâtre. A un niveau plus bas, sont des argiles grises exploitées pour faire des tuiles dans les environs de Casamicciola, et renfermant fréquemment des coquilles qui ont encore conservé leur couleur. Elles y sont recouvertes par les coulées de laves du mont Thabor; enfin, le long de la plage septentrionale d'Ischia à Lacco, on trouve des couches de sable volcanique fossilifère intercalé dans le tuf ponceux et à 10 mètres au-dessus du rivage. Près de Panella, à 75 mètres environ au-dessus du niveau de la mer, il y a également une couche de coquilles en grande partie brisées, mais qui ont également conservé leur couleur.

L'âge de ces couches fossilifères a donné lieu à quelques discussions. Les uns, tels que MM. Lyell et Puggard, pensent qu'elles sont postérieures à l'âge tertiaire, et pour me servir d'un terme de comparaison pris dans nos contrées, qu'elles sont toutes postérieures aux sables d'Anvers. M. Lavini croit au contraire, que si les couches coquillières de la plage, celles mêmes de Panella sont de l'époque géologique actuelle, on peut faire remonter jusqu'à la fin de l'âge tertiaire, les marnes les plus élevées de l'Epoméo ; car elles renferment en abondance le *Buccinum semistriatum*, espèce qui n'existe plus de nos jours, et que l'on trouve abondamment dans le terrain pliocène d'Italie ; il est accompagné du *Murex* qui est aussi à l'état fossile dans le même terrain, et que l'on trouve encore très-rarement, il est vrai, dans la Méditerranée. Je suis d'autant plus porté à admettre l'opinion de M. Lavini, que mon compagnon, M. Mauget, qui a acquis, dans ses sondages, une connaissance si profonde des terrains tertiaires des environs de Naples, était frappé de l'analogie qu'offrent les marnes d'Ischia avec les argiles sub-appennines. C'est un fait très-intéressant à constater que ce soulèvement lent de 520 mètres, depuis une époque géologiquement récente.

III.

ETNA.

Je n'avais que peu de temps à consacrer à l'Etna. Je ne pouvais espérer étudier complètement ce gigantesque volcan de 160 kilom. de circonférence et 3,350 mètres de hauteur. Je n'avais pas non plus l'intention de gravir au sommet de la montagne. La neige la couvre presque toute l'année et à l'époque où j'y étais, en raison de la rigueur de la saison, elle descendait très-bas. Puis, qu'aurais-je vu ? un volcan fumant encore, qui ne m'eût rien appris de plus que le Vésuve. Le but de ma visite en Sicile était de constater les faits si intéressants découverts par M. Lyell, sur la position et l'inclinaison des courants de lave. Je voulais aussi voir cet énorme cirque du Val del Bove, et juger, autant que je le pourrais, des diverses hypothèses émises sur son origine.

L'Etna est une grande montagne circulaire terminée supérieurement par une sorte de plateau, le Mont Gibello (*pl.* II, *fig.* 2). Celui-ci est surmonté d'un petit cône de 300 mètres, d'où s'élève constamment une colonne de fumée. C'est le volcan central; mais ce n'est pas le lieu unique des éruptions; il arrive souvent qu'elles se produisent sur les flancs de la montagne et y donnent naissance à des cônes adventifs qui, eux aussi, ont quelquefois 300 mètres de hauteur. On compte tout autour de l'Etna plus de 700 de ces cônes parasites. Lors de l'éruption de 1865, si bien étudiée par M. Fouqué, la lave sortant des flancs N.-E. de la montagne, y produisit 5 cônes nouveaux (6, *fig.* 2)

L'Etna est fortement échancré à l'est. par une vallée profonde qui entame le plateau du Mont Gibello, et que l'on appelle Val del Bove. Les parois sont partout coupées à pic et on ne peut s'approcher de ses bords sans éprouver une sorte de vertige à la vue de cet abîme de 1000 mètres de profondeur. Les courants de lave qui sortent du sommet de l'Etna s'y précipitent en formant des cascades de feu qui n'ont rien à envier, pour les dimensions, aux fameuses chutes du Niagara. Plusieurs cônes adventifs se sont produits dans l'intérieur même de cette cavité. Ainsi, en 1852, la lave se fit jour au fond du Val del Bove, s'épancha dans son intérieur, et coula en une large nappe vers l'entrée de la vallée.

L'origine du Val del Bove a donné lieu à de nombreuses

hypothèses. Pour M. Elie de Beaumont, c'est l'effondrement gigantesque de toute une partie de l'ancien cône de l'Etna. M. Poulett-Scrope croit peu aux effondrements; il admet plutôt une projection de la montagne par quelque violent paroxisme. En même temps se serait produit une grande et large fissure, qui se serait ensuite agrandie par le ravinement des eaux torrentielles. Ce serait même à cette dernière cause que M. Poulett-Scrope attribue le rôle prépondérant dans la formation du Val del Bove. M. Lyell partage, sous certains points de vue, l'opinion de M. Elie de Beaumont; comme lui, il croit à un effondrement; mais il admet, avec M. Poulett-Scrope, que les eaux ont considérablement agrandi la cavité primitive. Si une éruption vient à se produire au moment où le volcan est couvert de neige, celle-ci fond rapidement au contact de la lave et des fumerolles, et la masse d'eau qui en provient peut produire des ravinements énormes. C'est ce qui eut lieu lors de l'éruption de 1755. Un torrent, provenant de la fonte des neiges, se précipita du Mont Gibello dans le Val del Bove, qu'il parcourut avec une vitesse de 2 kilomètres 1/2 à la minute sur un espace de 20 kilomètres et avec une largeur de 3. Le lit qu'il s'est creusé est encore visible. Au fond du Val del Bove, toutes les inégalités du sol furent nivelés sur une surface de 12 kilomètres carrés. M. Lyell rapporte à des torrents de cette nature, la formation du banc d'alluvion qui est situé en face de l'embouchure du Val del Bove, à Giarre, et qui mesure 46 kilom. de large sur 5 de long et 50 mètres d'épaisseur, ce qui fait un volume de 11 milliards 500 millions de mètres cubes.

J'ai visité ces alluvions de Giarre. Dans le lit du torrent qui passe près du village on constate plusieurs époques de formation. Ainsi, à la partie supérieure, il y a 10 mètres de cailloux roulés de lave en gros blocs, empâtés dans du sable argileux; quelques veines de sable plus fin présentent des empreintes de plantes; c'est bien là une formation torrentielle.

Dessous on trouve du sable et du gravier, à stratification fluviatile, analogue à celle de notre diluvium, renfermant des blocs de lave de dimensions moins considérables que celles de la couche supérieure. Cette couche a de 2 à 3 mètres d'épaisseur. Puis vient 4 mètres d'argile jaune remplie de sable volcanique, où on distingue de petits lits de pouzzolane. La partie supérieure de l'argile ressemble au limon de notre terrain diluvien; sur le côté nord, où elle est recouverte directement par la formation torrentielle, sans interposition du sable fluviatile, sa surface est ravinée. L'argile jaune repose sur un ancien courant de lave et de scories pénétré de matière argileuse. Sauf la couche de 10 mètres, je n'ai rien vu qui rappelât les alluvions torrentielles auxquelles M. Lyell fait allusion.

Malheureusement, je ne connaissais le magnifique mémoire de l'illustre géologue anglais que pour l'avoir lu rapidement, et par quelques lignes que M. Poulett-Scrope en a extraites; je n'ai pu l'étudier de nouveau après mes observations; je ne suis donc pas à même de discuter son contenu. Peut-être, eussé-je dû ne rien écrire sur une question pour laquelle les documents me faisaient défaut; mais j'ai pensé que mes doutes pourraient appeler sur ce point l'attention des géologues qui visiteront la même contrée. Je dirai donc, sous toute réserve, que l'eau ne me paraît pas avoir joué, dans la formation du Val del Bove, le rôle prépondérant que lui attribuent MM. Lyell et Poulett-Scrope.

Le premier de ces géologues a émis, sur la structure de l'Etna, une hypothèse très-remarquable; il suppose que le volcan a été double, qu'il a eu un second sommet comparable à celui du Mont Gibello. Ce second sommet, qu'il appelle Trifoglietto, aurait été situé à la place occupée maintenant par le cirque du même nom, qui fait partie du Val del Bove; il aurait été détruit par l'effondrement qui a donné naissance à l'abîme du Val del Bove. J'eusse beaucoup désiré voir les faits sur lesquels est fondée cette théorie si importante. Mon guide m'a volontairement égaré, et après m'avoir fait marcher pendant une heure à travers le champ de lave de 1852, il m'a ramené à Zaffarana, à l'opposé du point que je lui avais désigné. Il était trop tard pour rebrousser chemin, et j'ai dû renoncer à cette partie des mes projets.

J'avais été plus heureux la veille dans mon exploration de la Cava-Grande. J'étais parti seul, sans autres indications que quelques notes prises dans le mémoire de M. Lyell. Ce savant a observé que le courant de lave de 1689 descend dans la vallée dite la *Cava-Grande*, en formant une couche consolidée sur un plan incliné de 35°. J'ai constaté ce fait important, qui m'a paru moins clair, peut-être, qu'il n'est figuré dans les *Transactions Philosophiques* de la Société royale de Londres, mais qui ne peut rester l'objet d'un doute. Du reste, des dispositions de même nature sont fréquentes dans l'Etna. A l'est de Zaffarana, la lave de 1792 m'a offert un banc de 1 m., au moins d'épaisseur, incliné de 40°.

Au S.-E. de Zoccolaro, à la partie supérieure d'un ravin qui se rend dans la Cava-Secca, j'ai vu la coupe représentée fig. 12, qui montre que des courants de lave bien distincts A et A', ont pu cependant, de loin, être considérés comme le prolongement l'un de l'autre. On y voit aussi que ces laves peuvent se consolider en bancs réguliers avec des inclinaisons de 30°. Le banc A'A', repose en stratification discordante sur les scories B; la lave, après avoir coulé quelque temps horizontalement, s'est précipitée dans un ravin creusé au milieu des scories provenant d'une éruption précédente.

A l'entrée de la vallée de Calanna, la lave de 1852 forme un banc en grande partie scoriacé, qui plonge au S.-S.-E., avec une inclinaison de 40° environ. Elle repose sur des couches de lave compacte plus anciennes, qui inclinent au Nord 60° Est également d'environ 40°

On peut certainement admettre que quelques-uns de ces

bancs de lave, ont été déplacés de leur position primitive et horizontale, par des fractures plus ou moins considérables; mais, cette explication est loin de pouvoir être appliquée à tous les cas, et je regarde comme démontré que la lave peut se consolider en bancs réguliers, sous des inclinaisons de 35 à 50°.

De quelle époque date l'Etna, et quelle est la nature des laves anciennes de ce volcan? C'était encore là deux grandes questions qui excitaient mon intérêt.

Diodore de Sicile parle d'une éruption qui eut lieu avant la guerre de Troie et détermina l'émigration des Sicules établis en cet endroit. Mais avant les temps historiques, l'Etna était déjà actif: on a même cherché à baser sur les éruptions de l'Etna une des premières preuves de l'antiquité de la terre.

Le chanoine Recupero observa qu'à Aci-Reale on aperçoit dans la falaise plusieurs couches de lave superposées à de la terre végétale; il en distingua sept différentes. Observant d'autre part que la décomposition de la lave et sa transformation en terre végétale exige un temps considérable, il conclut que 6,000 ans ne pouvaient suffire à la formation de sept couches de terre végétale et que la terre était beaucoup plus ancienne qu'on ne le croyait. Les faits étaient bien observés, mais le raisonnement péchait par la base. Rien ne prouvait que la terre végétale se fût formée sur place; elle pouvait avoir été entraînée des flancs de l'Etna. L'inspection des lieux prouve même qu'il y avait en ce point un ravin dans lequel se déversèrent, en le comblant peu à peu, les courants de lave et les alluvions qu'apportaient les torrents descendant de la montagne. M. Mariano Grassi, savant d'Aci-Reale qui voulut me guider dans les environs de cette ville, me fit remarquer que des sources abondantes sortent en différents points de l'escarpement. Suivant lui ce serait les restes des anciens torrents qui après le remplissage de leur lit se seraient frayé une voie souterraine.

Bien que les conclusions du chanoine Recupero soient erronées, la coupe des falaises d'Aci-Reale n'en offre pas moins beaucoup d'intérêt. Voici les diverses couches que j'ai observées de haut en bas.

Lave scoriacée / Lave compacte	5 mètres.
Argile rouge	1.50 »
Sable volcanique et fragments de scories. . .	1.00 »
Lave.	10 »
Argile	2 »
Lave.	20 »
Argile jaune mélangée de sable volcanique. . .	0.50 »
Lave	10 »
Terre	0.20 »
Lave et scories	0.10 »
Lave.	6 »
Terre	0.20 »
Lave	Epaisseur considérable

Je désigne sous le nom de *terre* de l'argile plus ou moins cohérente, remplie de débris volcaniques de toute grosseur. C'est évidemment le résultat de la décomposition des roches volcaniques sous l'influence atmosphérique. Quelquefois la décomposition est peu avancée et la terre n'est guère qu'un amas de scories. La surface de ces couches argileuses est souvent altérée à la surface, rougie et comme cuite par l'action des laves qui les ont recouvertes. J'avais déjà vu de nombreux exemples de cette rubéfaction de l'argile par les laves dans la Cava Grande. La lave est compacte ; mais on voit fréquemment, à la partie supérieure et inférieure du banc, des scories qui se lient à la masse ; ce sont les parties dont la solidification s'est faite rapidement et avant que n'aient pu se dégager les nombreux gaz contenus dans la lave. La figure 13, pl. VI montre la disposition du banc supérieur ; on voit que cette lave a coulé dans une sorte de ravin où elle s'est accumulée.

Le banc de lave inférieur a une épaisseur considérable ; c'est sur lui qu'est bâtie la Scala d'Aci-Reale. Les flots y ont creusé une grotte désignée sous le nom de Grotte des Colombes qui rappelle la célèbre grotte de Fingal par suite de la division de la roche éruptive en prismes pseudo-réguliers. Malheureusement les flots battent en brèche les murs de la grotte et menaçent de la faire disparaître. Elle est déjà bien différente de ce qu'elle était il y a 20 ans lorsqu'elle fut dessinée par Sartorius de Waltershausen. Le pilier extérieur du portique, toujours rongé par la mer, a fini par tomber en entraînant une partie de la voûte.

Un autre courant de lave, fort analogue à celui de la grotte des Colombes, peut-être le même, a produit les îles Cyclopes. Ce sont des rochers séparés de la Sicile par un détroit de 50 ou 100 mètres et qui ont probablement fait partie d'une grotte de grande dimension tout à fait comparable à celle de Fingal. La lave s'y divise en prismes dont l'aspect est des plus pittoresques. La plus grande Terza a une superficie d'environ 150 mètres carrés; elle est fortement découpée par des anses profondes dans lesquelles la mer s'engouffre avec fracas. Entre Terza et la côte sont les trois Faraglioni : la grande a la forme d'un pain de sucre et une circonférence de 50 mètres environ ; la moyenne est également très-élevée ; quant à la petite c'est un rocher presque à fleur d'eau,

La lave des îles Cyclopes paraît être une des plus anciennes de l'Etna ; elle est en relation avec des dépôts stratifiés d'âge très-récent qui couronnent Terza et la grande Fariglioni et dont les rapports avec la lave ont attiré toute mon attention (*fig.* 15, *pl.* VI). La surface de séparation de la roche sédimentaire et de la roche éruptive est très-inégale, onduleuse et même découpée ; la marne pénètre dans toutes les cavités de la lave jusque dans les moindres fissures. La première idée que j'ai tirée de cette disposition c'est que la marne s'est déposée après que la lave s'était consolidée et avait été ravinée par les flots. Mais M. Silvestry, professeur à l'université de Catane, qui m'accompagnait la seconde fois que j'ai visité ces îles, m'a fait voir qu'à l'endroit où on débarque pour gravir le rocher de Terza, des veines de lave pénètrent dans la marne et sont certainement plus récentes. En cherchant l'origine de ces veines et en étudiant minutieusement leur composition, nous avons reconnu qu'elles diffèrent un peu de la masse lavique inférieure et qu'elles formaient dans celle-ci des filons qui se propageaient ensuite dans la partie calcaire. Je crois donc qu'il y a à Terza des roches éruptives de deux époques, au moins ; l'une, plus ancienne, forme la masse de l'île et est antérieure au dépôt de la marne ; l'autre, plus récente, postérieure à ce dépôt, ne forme guère que de petits filons qui traversent la première lave et la marne. Il a dû exister aussi en ce lieu des sources thermales ; la lave, et surtout la lave ancienne est pénétrée de toutes parts de cristaux d'analcime, et on trouve le même minéral accompagné de dolomie dans les fentes de la marne.

Ce dépôt marneux se retrouve à l'état plus argileux sur la côte où le chemin de fer l'a traversé ; on peut le suivre sur les flancs de l'Etna où il atteint 200 et même 600 mètres d'altitude. Il renferme un grand nombre de coquilles vivant encore maintenant dans la mer voisine et quelques espèces éteintes, dont le *Buccinum semistriatum* est la seule abondante. M. Lyell range cette couche dans son étage pliocène récent, c'est-à-dire dans l'étage qui a immédiatement précédé la formation du diluvium. Ainsi l'Etna aurait déjà existé à cette époque, alors qu'il y avait peut-être encore en Auvergne quelque volcan en activité. Etait-ce un volcan aérien ou un volcan sous-marin ? Je ne vois aucun motif pour adopter une opinion plutôt qu'une autre ; mais on peut affirmer que ses laves s'épanchaient jusque dans la mer et que celle-ci s'élevait sur la côte à 600 mètres au-dessus de son niveau actuel. Du reste on trouve en beaucoup de points des rivages de la Sicile, des calcaires coquilliers qui montrent qu'à une époque géologiquement très-récente, il y a eu un soulèvement général dans toute l'île.

Les rochers des îles Cyclopes offrent encore un phénomène curieux ; c'est la formation d'un calcaire moderne. Les vagues soulevées par les coups de vents assez fréquents sur la côte de Sicile, grimpent en écumant sur les parois du rocher, pénètrent dans les crevasses et y portent les coquilles des mollusques de la plage. Quelques-uns de ces animaux vivent même dans les cavités assez basses pour que la mer vienne fréquemment les remplir. Les débris de toutes ces coquilles triturés par le mouvement des vagues sont réunis par un ciment calcaréo-siliceux, emprunté à la marne supérieure. Un fragment de ce calcaire analysé par M. Ladureau, préparateur de chimie à la faculté, a présenté 90,15 de calcaire, 9,58 de silice et 0,27 d'oxide de fer.

Autour de la Grande Faraglioni, il y a une autre formation contemporaine ; c'est un banc de polypiers qui se développe un peu au-dessous du niveau de la mer et environne le rocher d'une couronne orangée.

La roche éruptive qui forme les îles Cyclopes et la grotte des Colombes a été désignée sous le nom de ***Basalte***, à cause de sa division en prismes ; c'est une ***Dolérite*** comme les laves actuelles de l'Etna. On désigne en géologie sous ce nom une roche porphyroïde ou granitoïde à éléments visibles composés de ***Feldspath Labrador*** (feldspath à base de chaux) et de ***Pyroxène augite***. D'après M. Lyell, les laves anciennes du Trifoglietto seraient des ***Trachytes*** ; on trouve en effet à la base des escarpements du Trifoglietto des bancs de lave qui ont tout à fait l'apparence du trachyte, mais leur composition minéralogique en est bien différente, ce ne sont que des ***Dolérites trachythoïdes*** ou comme on dit des ***Trachy-dolérites***. L'Etna offre donc l'exemple d'un volcan dont la nature des laves est restée la même depuis un temps très-considérable.

J'eusse vivement désiré visiter les îles Lipari ; d'après les observations d'Hoffmann, confirmées par M. Deville, il y aurait eu là épanchement de roches éruptives de composition différente, les unes à base d'orthose, les autres à base d'anorthose. En partant de France je m'étais laissé aller au rêve de faire la carte géologique de cet archipel ; mais il m'eût fallu au moins quinze jours ; mon congé était expiré, ma bourse était vide ; j'ai dû me contenter de voir, de loin, la fumée qui sortait du troSmboli.

IV.

LATIUM.

Rome est au centre d'une contrée volcanique. Les collines de la rive droite du Tibre, formées par les sables et les marnes pliocènes sont couronnées par des dépôts de pierre ponce ; sur la rive gauche toute la campagne romaine est couverte de dépôts volcaniques, et dans les Monts Albains on voit des volcans éteints mais parfaitement conservés.

Je vais d'abord vous parler de ces derniers, j'ai pu les visiter sous la direction de M. Michel de Rossi qui connaît parfaitement tout le pays et s'est livré avec le plus grand zèle et le plus grand succès à l'étude de ce groupe de volcans.

Ce qui frappe au premier abord dans les Monts Albains, c'est une disposition tout à fait comparable à celle du Vésuve mais sur une échelle bien plus grande. Il y a d'abord un grand cratère semi-circulaire, analogue à la Somma ; sa circonférence de base est de 66 kilom. et son diamètre de 22 ; les mêmes dimensions sont pour la Somma 46 et 15 kilom. ; mais sa pente extérieure est beaucoup plus faible. Il forme une crète ouverte vers l'ouest de 240° de circonférence Le point le plus élevé de cette enceinte est le mont Artemisio; il a 946 mètres d'altitude. Du côté interne de cette crète une pente presque perpendiculaire conduit dans une vallée pareille à l'Atrio del Cavallo et nommée Val di Molara. De même que le Vésuve proprement dit s'élève au milieu de l'Atrio del Cavallo, le Val di Molara présente à son centre un cône volcanique qui a 6 kilomètres de diamètre à la base. Le point le plus élevé de ce volcan intérieur est le Monte Cavi (955 mètres), où se trouvait le temple de Jupiter Latial, aujourd'hui remplacé par un couvent. Pour s'y rendre on suit l'ancienne voie romaine qui conduisait au temple. Le bord du cratère est échancré vers le S-O et au milieu de l'échancrure s'élève un rocher isolé, Rocca di Papa, qui porte les ruines de l'ancienne Arx Albana. Le centre du cratère est occupé par une plaine dont l'altitude est de 750 mètres et le diamètre de 2,800 mètres, c'est le Camp d'Annibal, qui sert aujourd'hui à l'armée pontificale; au centre même du Camp d'Annibal s'élève une petit cône volcanique comparable aux cônes adventifs du Vésuve; il a 820 mètres d'altitude absolu et 70 mètres au-dessus du niveau de la plaine.

Ainsi les Monts Albains nous offrent trois cônes volcaniques entés les uns sur les autres; mais le nombre des cratères est bien plus considérable.

Sur la crète intérieure se trouve une élévation, le mont de Tusculum où M. de Rossi croit avoir trouvé les restes d'un cratère ayant donné plusieurs coulées vers l'extérieur. Le château de Mondragone serait construit sur une de ces coulées. Au sud du même mont, dans l'intérieur de la grande enceinte, il y a une cavité cratériforme d'où sortirent des torrents de lave qui coulèrent jusqu'à Frascati. Un autre courant sorti on ne sait d'où s'étendit jusqu'aux portes de Rome à Capo di Bove.

En dehors de l'enceinte, le Monte Porzio, qui porte le village de ce nom, est un petit cône volcanique isolé. D'autres cratères se sont effondrés et sont devenus des lacs; ainsi le lac d'Albano dont le niveau est maintenu à 300 mètres par un émissaire souterrain creusé par les Romains lors du siége de Véies; il a la forme d'une ellipse dont le grand axe a 3 kilomètres 500 et le petit 2 kilomètres 200. Près de là se trouve le lac Nemi, également de forme elleptique, et presque d'égale dimension; son niveau est à 30 mètres plus haut que le précédent; ses bords, très-escarpés, élévés de 650 mètres vers le nord, sont couverts de rochers et de bois qui lui donnent un air sombre et sauvage; aussi le lac Nemi était-il consacré à la déesse des forêts. Un temple lui avait été élevé sur ses bords; c'est devant le miroir de cette eau limpide, respectée par les vents, que Diane venait faire sa toilette avant d'aller trouver Endymion.

Un troisième lac, presqu'aussi grand que les précédents, est celui d'Aricia; il est en grande partie comblé et desséché, ses bords ne sont pas escarpés mais permettent cependant de distinguer la nature des déjections volcaniques produites par le cratère dont il a pris la place; elles se distinguent de toutes celles du Latium par la quantité de bombes volcaniques formées de mineraux cristallisés, entr'autres de *pyroxène diopside.*

Le camp d'Annibal lui-même a été un cratère-lac comme le prouvent les sédiments d'eau douce dont il est rempli.

Les volcans du Latium nous offrent trois variétés de lave. La plus abondante est la *Lava sperone*; ce serait d'après V. Roth, une roche composée de *leucite* et de petits *grenats* jaunes; on y trouve aussi de l'augite et de la magnétite ainsi que de la hauÿne et de la néphéline. Elle constitue des masses poreuses de couleur jaunâtre ou brunâtre qui passent peu à peu à un conglomérat scoriacé. La *lava sperone* forme la masse principale des Monts Albains; le cratère qui occupe, selon M. de Rossi, la place du mont de Tusculum, en est uniquement formé; il en est de même du mont Cavi.

La seconde espèce de lave est le *leucitophyre*, presqu'identique à celui du Vésuve ; c'est, nous l'avons déjà vu, un composé de *leucite* et d'*augite* ; il se trouve essentiellement sous forme de lave : la grande coulée de Capo di Bove est formée de leucitophyre à grains fins. Le leucitophyre se mêle à la *lava sperone* sans se confondre avec elle ; ainsi la Rocca di Papa, ce rocher isolé qui fait saillie sur le pourtour échancré du Champ d'Annibal et qui est une tête de filon ou de coulée, est essetiellement formé de leucitophyre ; mais on y trouve aussi de la *lava sperone*. Le village de Rocca di Papa est bâti sur un courant de leucitophyre qui sort du centre de la montagne ; un autre courant de même origine est exploité près du village. Y a-t-il passage de la *lava sperone* au leucitophyre, comme le pensent les géologues romains, et ces deux roches ne sont-elles que deux variétés dues à des différences de consolidation, ou bien ont-elles des compositions minéralogiques et chimiques différentes, comme cela paraît résulter des analyses de M. v. Rath? Je n'ai aucune preuve à apporter en faveur de l'une ou de l'autre hypothèse. Si on adoptait la seconde, on pourrait voir là un nouvel exemple de la variation des produits sortis du même volcan.

La troisième espèce de lave produite par les volcans du Latium est le *pépérino* ; c'est moins une lave qu'une brèche volcanique où sont encastrés des cristaux et des blocs de roche très-variables. Les cristaux sont de l'augite, du mica, de la magnétite de l'olivine, de la leucite, de la sanidine, etc. Le pépérino couvre une grande surface elliptique de 9 kilomètres dans son plus grand diamètre et dont le centre est occupé par le lac d'Albano ; c'est autour de ce lac que la roche possède sa plus grande épaisseur, 200 à 250 mètres ; c'est autour de ce lac que se trouvent les plus gros blocs de leucitophyre et de calcaire, aussi a-t-on regardé le lac d'Albano comme marquant la place de l'ancien cratère d'où est sorti le pépérino. Presque tous les géologues s'accordent à considérer le pépérino comme le produit de déjections volcaniques boueuses dont la consolidation est due non-seulement au dessèchement de la matière mais encore à une sorte de cémentation. Le carbonate de chaux des morceaux de calcaire empâtés aurait été porté par les eaux de pluie dans toute la masse et aurait contribué à en réunir les éléments. Ce qui porte à adopter cette hypothèse c'est que, même dans les parties où il n'y a pas de fragments calcaires, le pépérino fait effervescence dans les acides.

A quelle époque remontent les volcans du Latium? Le premier point à élucider pour résoudre cette importante question était de classer les diverses formations volcaniques. C'est ce qu'a fait M. Ponzi, professeur de géologie et de minéralogie à Rome. Cet illustre géologue, qui a posé les premiers fondements de la géologie du centre de l'Italie, a établi trois époques d'éruption dans le Latium.

1er *Système.* Enceinte extérieure des monts Albains : mont Artemisio, etc.

2e *Système.* Enceinte intérieure : mont Cavi, etc.

3e *Système.* Pépérino d'Albano.

L'âge relatif de ces trois systèmes ne peut être mis en doute d'une manière générale, ainsi il est de toute évidence que le grand cratère extérieur doit être plus ancien que le cratère intérieur. Quant au pépérino d'Albano, on le voit se superposer aux produits des autres systèmes et se mouler sur leur surface, par exemple à Marino, où une tranchée est ouverte sur la route d'Albano dans les roches volcaniques (*fig.* 22, *pl.* VII). Un fait analogue se voit au cratère-lac d'Aricia : une coulée de pépérino ayant pénétré dans ce cratère à une époque où il était déjà éteint.

Mais si l'âge des divers systèmes éruptifs du Latium a été fixé par M. Ponzi, d'une manière générale, s'en suit-il que pour les détails il n'y ait pas de modifications à faire, certains cratères qui sont entés sur l'enceinte extérieure ne peuvent-ils pas être contemporains du second système ou même postérieurs?

M. de Rossi nous a exprimé, je crois me le rappeler, l'opinion que ce pourrait bien être le cas du volcan de Tusculum. Quoi qu'il en soit de ces exceptions, qui ne peuvent avoir une grande importance, il faut après avoir trouvé l'âge relatif de ces diverses formations éruptives, chercher à déterminer leur âge absolu.

L'histoire est presque muette : Aurélius Victor parle bien de l'ensevelissement de la ville royale d'Albe dans le lac Albano par suite d'un tremblement de terre ; Tite-Live cite des chutes de pierres qui auraient eu lieu sur le mont Albano, sous le règne de Tullus Hostilius. Comme il dit que ces pierres venaient du ciel, on a pensé que ce pouvait être des aérolithes; mais la longue durée de la chute (2 jours), rend la chose peu vraisemblable.

Si l'histoire est incertaine, la palæethnographie peut donner quelques documents. En 1817, on trouva sous une couche de pépérino, des vases en poteries, qui furent achetés par le duc de Blacas. M. de Rossi a repris dernièrement ces fouilles au même endroit, c'est-à-dire au mont Crescensio, près du lac Albano, à quelques centaines de mètres du Casino du cardinal di Pietro. Le champ est cultivé en vigne ; mais comme le sol végétal est peu épais, le propriétaire, lorsqu'il en a le moyen, fait défoncer la couche dure de pépérino qui est dessous ; on atteint alors une sorte d'argile sableuse, jaunâtre, assez analogue à la terre végétale. C'est sous cette couche que sont les vases, contenus dans de grands *dolium*, également en terre ; leur forme est particulière : quelques-uns simulent une cabane qui devait être la représentation de l'habitation du défunt, dont ils renferment encore les cendres et les os brûlés ; ils appartiennent évidemment à une nécropole antérieure à l'éruption de pépérino. La roche volcanique présente, à sa base, de nombreuses empreintes de gazon (*lolium perenne*), dont les tiges sont couchées dans la direction de la coulée, ce qui indique que celle-ci s'est déversée sur une prairie qui avait crû elle-même à la place de la nécropole.

M. de Rossi nous a montré un autre point où il avait fait aussi des fouilles dans les mêmes circonstances, et où il avait aussi trouvé des vases entre deux couches de pépérino. C'est à Marino, contre le parc du Prince Colonna. Enfin, le même savant découvrit, dans la plaine, entre Marino et Roca di Papa, les restes d'une ancienne station datant de la même époque. Les vases y sont, en général, mieux travaillés, faits au tour et composés d'argile étrangère, tous caractères qui les distinguent des vases des nécropoles, grossiers, non tournés, ornés d'impressions faites avec les doigts, et dont la pâte est composée uniquement d'argile du Latium, reconnaissable par les éléments volcaniques qu'elle renferme. Cette imperfection des vases des nécropoles contraste avec les ornements de bronze qui y sont joints et nous indique qu'à cette époque, si les vivants aimaient le luxe pour eux-mêmes, s'ils allaient chercher chez les Etrusques des vases plus élégants que ceux qu'ils savaient confectionner, ils trouvaient ceux-ci assez bons pour leurs morts. Peut-être une idée religieuse s'en mêlait-elle et voulait-on ne déposer dans les tombeaux que des poteries conformes à celles qui avaient servi aux ancêtres. A propos de cette circonstance, je citerai un fait qui m'a été indiqué par M. Cocchi, professeur à Florence. Le peuple de la cité des Médicis se sert pour cuire ses galettes, de vases grossiers que ne renieraient pas leurs ancêtres de l'âge de pierre.

Quelle que soit l'imperfection ou la perfection des poteries du Latium trouvées sous le pépérino, les objets en métal qui les accompagnent permettent d'en fixer l'âge. Le bronze y abonde et pendant longtemps on les a rapportés à l'époque où on se servait uniquement de ce dernier métal. Cependant, sous le pépérino on a trouvé des traces de clous, de lances en fer, et on est tenté de dater les nécropoles d'Albano du commencement de l'époque de fer. M. de Rossi poursuit ces études avec une science et un zèle qui nous permettent d'espérer que sous peu la lumière se fera complète sur une question si intéressante ; il a pris à cœur cette Pompeï antique qui remonte probablement au temps d'Albe la Longue. Pour moi, qui l'ai vu à l'œuvre, je ne doute pas qu'il ne ressuscite les descendants d'Enée, comme son docte frère, par ses travaux sur les catacombes, a fait revivre sous nos yeux les premiers chrétiens. Entre les travaux des deux frères, il y a encore cette analogie, que le sol qu'ils fouillent est d'origine éruptive. L'antique cité des Césars a été bâtie sur des volcans ; les Catacombes sont creusées dans un conglomerat volcanique.

Dans une description géologique de Rome et de ses environs, il faut distinguer les deux rives du Tibre. Les collines qui bordent la rive doite, Janicule, Vatican, Monte-Mario sont formées de dépôts tertiaires, marnes et sable ; elles sont terminées par des couches de congloméral ponceux alternant avec d'autres couches d'argile semblable à de la terre végétale. La hauteur à laquelle atteignent ces ponces est d'environ 130 mètres.

Ainsi, en montant le Monte-Mario par la Via Triumphalis, on voit au-dessus du sable pliocène, quatre couches d'argile séparées par trois couches de ponce. Le même dépôt se retrouve un plus loin avant d'arriver à Saint-Onofrio et au-delà de ce bourg. A mesure que l'on avance dans cette direction, l'argile devient plus sableuse, plus analogue au loess, elle renferme plus de débris de ponce, et celle-ci forme des couches plus épaisses (*fig.* 3, *pl.* VII).

La rive gauche est essentiellement formée de :

1° Tuf lithoïde ;

2° Cailloux roulés et sable (Diluvium) ;

3° Travertin.

Ces trois formations sont contemporaines ; on les voit se

superposer l'une à l'autre dans toutes les positions. Elles sont surmontées par :

4° Des tufs ponceux blancs ou gris ;

5° Des tufs noirs ou brunâtres formés de scories de pyroxène et remplis de taches blanches granulaires qui paraissent être de la leucite décomposée ;

6° D'argile jaune ou limon.

Ces dépôts atteignent, sur la rive gauche, une altitude de 70 mètres. On les trouve, sur la rive droite, au nord de Ponte Molle, au Monte Verde.

1° Le *tuf lithoïde*, ainsi nommé par Brocchi, est une roche rougeâtre ou brunâtre composée de débris de ponce, de leucitophyre et de calcaire ; c'est, évidemment, un dépôt volcanique formé sous les eaux. De tout temps on l'a exploité pour les constructions; aussi, y a-t-on creusé des galeries profondes dont quelques-unes sont encore en exploitation. Celles du Monte-Verde ont 10 mètres de hauteur à l'entrée ; le tuf n'y présente aucune trace de stratification ; il est surmonté par une couche de deux mètres, également brun rougeâtre, mais à texture homogène et à grains très-fins ; on peut la désigner sous le nom de *tuf homogène* et la considérer comme un produit de fines cendres volcaniques déposées sous l'eau. Dans les carrières de Sainte-Agnès, le tuf lithoïde est encore surmonté de tuf homogène mais celui-ci n'a plus que 50 à 60 centimètres.

Les rapports géognostiques du diluvium et du tuf lithoïde sont importants pour déterminer l'âge de cette dernière roche. Au Monte-Verde (S.-O. de Rome, rive droite du Tibre) on trouve le diluvium (D) à 4 mètres au-dessus du tuf dont il est séparé par de l'argile ou de la marne grise (*fig.* 20, *pl.* VII). Aux carrières Ste-Agnès (rive droite du Tibre et du Teverone), le diluvium (D) présentant à sa base un épais dépôt de marnes d'eau douce (M) est également superposé au tuf (*fig.* 18). Il en est de même sur le chemin de fer entre la Via Nomentana et la Via Tiburtina (*fig*. 19). Dans ces diverses exploitations, on ne voit pas le substratum du tuf lithoïde qui paraît inférieur à toutes les autres couches. Quel est ce substratum ? La question n'est pas encore résolue, mais nous lui avons fait faire un pas dans une excursion où j'accompagnais MM. Phillips, de Verneuil et de Rossi. Nous étions guidés par le Frère Indres, sous-directeur de l'école des Frères de la doctrine chrétienne, à Rome. Chercheur patient et infatigable, le frère Indres a pu réunir une collection magnifique des fossiles du diluvium des environs de Rome. Les dents d'éléphants, d'hippopotames, de rhinocéros abondent chez lui. Il y a des montagnes d'ossements de *bos primigenius*, de cerf et de cheval ; on s'étonne comment avec tant d'occupations étrangères et si peu d'aide, il ait pu accumuler tant de richesses. Il nous conduisit voir une grotte creusée dans le travertin où il avait trouvé de nombreux débris de vertébrés. Une tranchée venait d'être faite à un niveau inférieur à la grotte, pour l'établissement d'une route qui joint la Via Salara au pont Nomentana, le pont de Salara ayant été rompu lors de l'invasion de Garibaldi. Grâce à ces travaux, nous avons pu reconnaître l'existence du tuf lithoïde à un niveau inférieur de quelques mètres au travertin de la grotte, dont il est probablement séparé comme dans toutes les collines voisines par une zône de cailloux roulés, puis sous le tuf une nouvelle couche de cailloux roulés. Ce tuf est donc bien là intercalé dans le diluvium. Voici la coupe que nous avons relevée dans le bas de l'escarpement :

Tuf homogène.	1 mètre.
Tuf lithoïde.	3 »
Tuf plus argileux, peu cohérent.	1 »
Cailloux roulés avec débris de travertin et de tuf. . .	0.50
Argile ou marne grise	

Qu'est-ce que ces argiles ? Appartiennent-elles au terrain

pliocène? Nous n'avons pas pu nous en assurer, mais le fait important qui résulte de cette coupe, c'est la présence, au-dessous, d'un tuf lithoïde parfaitement déterminé, tout-à-fait identique à celui du Monte-Verde, de cailloux roulés diluviens. Ceux-ci renferment des fragments de tuf et de travertin, preuve qu'ils sont à leur tour postérieurs à un autre dépôt de tuf. Nous en tirerons plus tard les conséquences.

La surface supérieure du tuf lithoïde est souvent ravinée (voir les coupes (*fig.* 18 et 19), et les couches qui lui sont superposées renferment des fragments de tuf remaniés, mais peu ou point roulés. Le tuf homogène forme, généralement, une couche au-dessus du tuf lithoïde. Dans la tranchée du chemin de fer, entre la Via Nomentana et la Via Triburtina, où il acquiert une épaisseur de 4 mètres, il est mélangé d'argile et séparé du tuf lithoïde par une couche de 1 m. 1/2 d'argile blanche. Dans la même coupe, nous avons cru voir que le tuf lithoïde pouvait se diviser en deux parties faisant entre-elles un angle aigu, l'inférieure légèrement inclinée, la supérieure horizontale, disposée, en un mot, en stratification discordante, si on peut appliquer ce nom à des roches éruptives. Ce serait un nouveau fait à l'appui de l'existence de deux tufs minéralogiquement identiques, mais d'âge différent.

Le *diluvium* est formé de sable quartzeux grossier et de cailloux roulés de calcaire des Apennins. On y trouve aussi des galets de tuf lithoïde, et le sable est souvent rempli de petits cristaux de pyroxène. Les fossiles y sont assez fréquents. Il y a quatre ans, M. de Verneuil y a rencontré un débris de silex taillé; depuis ces découvertes se sont multipliées et on a acquis la preuve qu'à l'époque du diluvium, la campagne romaine était habitée par des hommes dont la civilisation était la même que celle des riverains de la Somme, à l'âge de pierre. Au milieu des sables et des cailloux roulés, on voit des couches plus ou moins épaisses d'argile grise ou de marnes d'eau douce. Ainsi, dans une carrière sur la gauche de la Via Nomentana (*fig.* 18), un peu au-delà de Ste-Agnès, il y a au-dessus du tuf lithoïde, dont la surface est ravinée, cinq à six mètres de marne grise (M) renfermant de nombreuses coquilles d'eau douce et particulièrement des Unio. Au-dessus, on trouve un mètre de sable et de cailloux roulés. Un fait intéressant, que cette carrière met en évidence, c'est une faille qui se prolonge à travers les marnes, mais qui n'intéresse pas le banc de cailloux roulés. Dans une autre carrière, à 500 mètres au N.-E. de la précédente, la même marne d'eau douce n'a plus que un mètre et se trouve intercalée entre deux bancs de la même épaisseur de cailloux roulés. Plus au N.-E. encore, dans la tranchée du chemin de fer, entre la Via Nomentana et la Via Triburtina (*fig.* 19), la marne d'eau douce, épaisse de six mètres et renfermant un banc de travertin, se trouve à un niveau supérieur au diluvium; comme ces deux roches reposent l'une et l'autre sur le tuf dont la surface est profondément ravinée, on ne peut affirmer que la marne soit réellement supérieure au diluvium. Mais on voit un exemple indiscutable de cette disposition au Mont-Sacré, situé à 500 mètres environ de la tranchée dont il vient d'être question, et sur l'autre rive du Teverone. Le diluvium de cette colline célèbre dans l'histoire, a fourni à M. Blecher et au Frère Indres, des trésors de fossiles, il est surmonté de quatre mètres de marnes grises qui renferment des nodules aplatis de travertin. A l'autre extrémité de Rome, au Monte-Verde (*fig.* 20), le diluvium existe encore; il renferme des concrétions de grès et il est superposé à de la marne très-argileuse qui recouvre elle-même le tuf.

Le *Travertin* est un dépôt de calcaire siliceux très-développé dans certaines parties de la campagne romaine, et subordonné au diluvium. L'abbé Rusconi a annoncé dernièrement y avoir trouvé une dent humaine. C'est evidemment un dépôt de sources calcaires qui se faisait dans le large bassin du diluvium; aux environs immédiats de la source, là où le dépôt calcaire était abondant il a formé des rochers considérables comme les monts Parioli et le mont Aventin, mais loin des sources il ne s'est produit que des dépôts subordonnés, ou bien le calcaire a cimenté les cailloux diluviens, c'est ce que l'on voit souvent à Ponte Molle. Dans les collines situées sur la rive gauche du Teverone, entre la Via Nomentana et la Via Salara, le travertin pénètre de toutes parts le diluvium et y forme quelquefois des couches assez continues Nous avons trouvé en ce point de nombreux débris d'elephants : une énorme défense, entre autres, se montrait dans toute sa longueur (2 à 3 mètres) sur le flanc de l'escarpement. Nous l'avons admirée et nous l'avons laissée en place pour servir à l'instruction des géologues et peut-être aussi parce qu'elle adhérait si fort au banc de travertin qu'il nous eût été impossible de l'arracher; d'ailleurs notre avidité pour les fossiles pouvait fort bien se rassasier, le sol étant en quelque sorte jonché de débris d'éléphants. J'ai rapporté pour le musée un fragment de défense qui pèse 4 kil. 1/2. Le travertin est en relation intime avec les couches de marnes que l'on trouve au-milieu du diluvium et dont il a déjà été question; il leur est nettement subordonné au mont Sacré et dans d'autres points.

D'après ce qui précède on peut se rendre compte de ce qu'était la campagne romaine pendant l'époque diluvienne proprement dite. Les collines de la rive droite existaient déjà, mais sur la rive gauche tout était couvert par l'eau. Une faille correspondait peut-être au lit actuel du fleuve, car on a trouvé le sable pliocène à 10 mètres de profondeur sous la place d'Espagne, c'est-à-dire à un niveau bien inférieur à celui où se voit cette roche sur les collines du Janicule et du Vatican. Des produits volcaniques se déversèrent dans la vallée et se solidifièrent sous l'eau en donnant naissance au tuf lithoïde. D'où sortaient-ils? à quel état étaient-ils produits? On ne peut guère faire que des hypothèses sur ce sujet. Voici celle qui me semble la plus probable:

le volcan s'ouvrit sous l'eau ; il n'en sortit point de lave véritable; mais des cendres et des scories qui en se mélangeant à l'eau produisirent une sorte de boue volcanique assez analogue au pépérino. Les éruptions se répétèrent plusieurs fois, séparées par des intervalles plus au moins longs ; à la fin le volcan ne vomit plus que des cendres très-fines, qui forment le tuf homogène. La position du cratère qui émit ces matières est impossible à déterminer. Je le placerais volontiers en plein forum; tout le sol environnant est formé de tuf lithoïde : la roche Tarpéienne, le mont Capitolin, le mont Palatin, le mont Quirinal, le mont Celius, le mont Aventin. Le gouffre de Spurius n'aurait été qu'une réminiscence du volcan.

En même temps que la vallée se remplissait de produits volcaniques, les torrents y amenaient des cailloux roulés et le sable des Apennins auxquels se mêlaient les cristaux de pyroxène provenant soit du volcan de Rome, soit d'autres bouches situées dans le voisinage. Là où le tuf en se consolidant gênait le cours du torrent, il était raviné, battu en brèche et démantelé comme le prouve l'inégalité de sa surface. Lorsque le volcan romain eut cessé ces éruptions, les torrents continuèrent à remplir la vallée et il s'y adjoignit une autre formation qui existait déjà, mais qui acquit alors un plus grand développement; c'est la formation de la marne d'eau douce et du Travertin, celui-ci est dû à des sources qui purent être nombreuses et assez générales, mais la matière minérale ne put guère se consolider de manière à donner naissance à une roche cohérente que là où le courant était moins fort et où se déposaient en même temps les sédiments les plus légers, marne et argile. Je n'insisterai pas plus longtemps sur cette question qui a fait l'objet d'un mémoire très-intéressant de la part d'un jeune et zélé géologue romain, M. Paul Mantovani.

Lorsque la période torrentielle qui donna naissance aux cailloux roulés du diluvium fut terminée, la campagne romaine n'en resta pas moins sous les eaux, qui s'élevèrent même sur les collines pliocènes de la rive droite. Dans ce vaste bassin se déposèrent peu à peu, d'une part de l'argile jaunâtre (limon), et d'autre part de nouvelles productions volcaniques, scories et cendres, qui formèrent des couches alternatives ou se mélangèrent en proportions variables. J'ai déjà décrit ces dépôts sur la rive droite, je vais indiquer ce qu'ils sont sur la rive gauche.

Le point où on peut le mieux les étudier est dans un chemin qui gravit le mont Parioli près de la fontaine d'Aquacetosa. La coupe a été signalée pour la première fois par MM. de Verneuil et Bleicher; mais ces savants ne l'ont pas prolongée jusqu'en haut de la colline. La voici telle que je l'ai relevée tant en compagnie de M. de Verneuil et de M. Mantovani, que dans une seconde visite que j'y ai faite seul.

Terrain remanié ou bâti.	4 mètres.
Tuf ponceux gris, assez dur.	0.40
Cailloux roulés, *non remaniés*	0.40
Argile jaune sableuse, avec cristaux de pyroxène et de mica	1.50
Tuf ponceux	0.30
Tuf leucitique, avec lapillis de leucitophyre	1.00
Argile jaune, analogue au lœss, avec leucite.	0.50
Sable gris cohérent, avec paillettes de mica noir. . . .	0.50
Tuf leucitique	2.00
Argile jaune sableuse, avec cristaux de pyroxène. . .	3.50
Travertin tendre feuilleté	20 00

Le *Tuf leucitique* qui est cité est une roche noire feuilletée, plus ou moins dure, renfermant un grand nombre de petits grains blancs pulvérulents qui nous ont paru être de la leucite (amphigène) décomposée.

J'ai relevé une autre coupe des mêmes terrains dans un chemin de traverse qui va de la Via Salara à Sainte-Agnès.

1° Tuf noir avec débris de ponce	1 mètre.
2° Argile jaune (limon), avec gros fragments de ponce décomposée	2.00

3°	Tuf brunâtre homogène.	1.00
4°	Argile sableuse jaune	4.00
5°	Roche grise sableuse stratifiée.	1.00
6°	Tuf brunâtre homogène	0.89
7°	Argile jaune ou grise, avec leucite décomposée. . .	0.50
8°	Sable grossier gris remplis de grains blancs; quelques cailloux.	1.00
9°	Tuf noirâtre avec débris de scories noires et de ponce	1.00
10°	Argile jaune. comparable au limon, avec rare débris de ponce et fragments de tuf.	1.50
11°	Marne grise ponceuse	0.10
12°	Tuf noirâtre	0.40
13°	Argile jaune.	0 80
14°	Tuf noirâtre.	0.50
15°	Zone sableuse homogène	0.10
16°	Tuf noirâtre avec zone sableuse.	2.00

La base de cette coupe est au niveau du tuf lithoïde des carrières de Ste-Agnès. Il se pourrait que les couches **14**, **15**, **16** représentassent le tuf homogène. L'argile jaune et les couches qui lui sont subordonnées n'en seraient pas séparés par les cailloux roulés du diluvium comme dans ces carrières. Quoi qu'il en soit la couche 2. de marne grise ponceuse, est bien celle que l'on voit à la partie supérieure des carrières Sainte-Agnès. Si on cherche à comparer cette coupe à celle des monts Parioli, et à celle de Saint-Onofrio on est frappé de leur différence; on ne peut guère l'expliquer qu'en admettant que les diverses matières volcaniques étaient portées tantôt dans un endroit, tantôt dans un autre, suivant les époques, la direction des vents et celle des courants de l'eau au milieu de laquelle elles tombaient.

Ces matières volcaniques sont de deux natures : de la ponce et du leucitophyre (leucite et pyroxène); peut-être ont-elles été produites par le même volcan; j'ai déjà cité de nombreux exemples de faits analogues, mais j'aime bien mieux adopter l'opinion contraire et supposer qu'ils ont chacun leur lieu d'origine particulier. Il reste à les chercher.

Pour les ponces c'est facile; à quatorze mille au N O de Rome, au lac Bracciano, se trouvait un ancien cratère qui produisit des ponces en très-grande quantité. Il est d'autant plus naturel de rapporter à cette origine la ponce des États romains que l'on voit cette pierre devenir de plus en plus abondante à mesure qu'on s'éloigne de la ville vers le N-O.

Quant aux roches à base de leucite et de pyroxène, on éprouve d'abord quelque embarras; on ne peut croire qu'elles viennent également du lac de Bracciano; car elles manquent complètement sur les hauteurs du mont Mario et de Saint-Onofrio; on ne peut non plus les rapporter au système éruptif des monts Albains qui paraît d'âge beaucoup plus récent. Une observation que nous avons faite M. de Verneuil, M. Montovani et moi, nous a mis sur la voie. C'est la coupe d'une tranchée du chemin de fer, près de la porte de Saint-Paul. On y voit (*fig.* 21) le tuf leucitique, superposé au diluvium, passer à des lapillis de leucitophyre, connues dans le pays sous le nom de Pouzzolanes et celles-ci augmenteer toujours vers le S.-E. C'est donc de ce côté qu'il faut aller chercher la source des tufs leucitiques.

Or, autour de Saint-Paul Trois-Fontaines se trouve une région toute volcanique où la pouzzolane est exploitée sur une grande échelle; il n'y a pas de cratère nettement dessiné, mais lorsqu'on monte sur la colline qui domine le monastère, il est difficile de ne pas se croire au centre d'un volcan; tout y invite, la nature de la roche, la disposition des lieux présentant encore des traces d'une enceinte circulaire, jusqu'à ces fontaines miraculeuses qui sont les derniers vestiges de l'activité volcanique. On sait que ces trois fontaines tout proches l'une de l'autre sont à des températures différentes de plusieurs degrés: celles qui sont plus chaudes doivent sans aucun doute leurs propriétés au voisinage d'un courant de vapeur; c'est là un fait très-fréquent dans les contrées volcaniques. Entre Saint-Paul Trois Fontaines et la basilique de Saint-Paul hors murs, les carrières de pouzzolane m'ont offert des coupes qui rappellent celles du chemin de fer.

Dans l'une de ces carrières, j'ai vu :

1° Pouzzolane (débris incohérents de scories et de lapillis leucitiques.	3 mètres.
2° Argile jaune, avec petits cristaux de leucite	1.50
3° Marne blanche n'existant que sur un seul point de la carrière	0.40
4° Pouzzolane.	

Dans une autre carrière, à un niveau plus bas :

1° Argile jaune, avec petits cristaux de leucite.	1 mètre.
2° Tuf ponceux	1.50
3° Tuf brun-rougeâtre, très-argileux	1
4° Marne grise, visible en un seul point de la carrière.	
5° Tuf stratifié, jaune-verdâtre	1.50
6° Pouzzolane.	

Mon opinion est que le système volcanique de Saint-Paul Trois-Fontaines a donné naissance aux tufs leucitiques et pyroxéniques des environs de Rome ; peut-être a-t-il déjà commencé son action pendant la première époque diluvienne et est-il le point de départ des cristaux de pyroxène que l'on trouve dans le diluvium de Ponte Molle.

En résumé les phénomènes éruptifs ne me semblent avoir commencé à Rome qu'après le retrait de la mer Pliocène et à l'époque diluvienne proprement dite, j'y distingue six systèmes volcaniques qui sont dans l'ordre de leur apparition.

Systèmes éruptifs.	Roche éruptive.	Minéral dominant
1° Système du Capitole	Tuf lithoïde	Leucite.
2° Système de St-Paul-Trois-Fontaines.	Tuf leucitique et pouzzolane	Id
3° Système de Bracciano	Ponce, tuf ponceux	Orthose.
4° Système extérieur des monts Albains.	Lava Sperone	Leucite.
5° Système intérieur des monts Albains.	Lava Sperone et leucitophyre	Id.
6° Système du lac Albano	Pépérino	Id.

APPENDICE.

Je dois à mon ami, M. Mauget, les détails suivants sur un sondage exécuté à Barra, commune au sud-est de Naples, entre cette ville et le Vésuve, mais beaucoup plus près de Naples que du Vésuve. Le sol en est encore formé par des roches de nature trachytique qui sont en relation avec le système des Champs-Phlégréens. D'après certains auteurs, la ville de Naples serait construite sur trois anciens cratères analogues à ceux des Champs-Phlégréens. A une profondeur de 15 mètres, on a atteint le tuf du Pausilippe, qui a là peu d'épaisseur; puis, à 38 mètres on a retrouvé une nouvelle formation trachytique, et à 59 mètres, des scories à base de leucite. D'où viennent ces scories de leucitophyre? Serait-ce du Vésuve, qui aurait déjà été en éruption à cette époque, ou dans les Champs-Phlégréens mêmes des volcans produisant des laves leucitiques n'auraient-ils pas précédé des volcans trachytiques? Cette dernière opinion s'appuie encore sur d'autres faits. Ainsi on a trouvé des blocs de leucitophyre au Monte de Procida, près du lac Fusare.

SONDAGE

EXÉCUTÉ DANS LA PROPRIÉTÉ DE M. LE DUC DE ANGELIS,

A LO SCASSONE,

Commune de Bassa, province de Naples.

	Epaisseur des couches.	Profondeur du sondage.
	m.	m.
1 Terre végétale argilo-lapilleuse	1.00	1.00
2 Sable fin micacé	0.20	1.20
3 Argile sableuse et lapilleuse (Tasse)	0.65	1.85
4 Lapilli fins	0 38	2.23
5 Sable argileux	1.02	3.25
6 Argile lapilleuse gris-blanchâtre	0.25	3.50
7 Argile sableuse avec lapilli et trachytes	0.30	3.80
8 Tasso grisâtre	0.20	4.00
9 Sable argileux avec lapilli et trachytes	2.95	6.95
10 Cendres grises volcaniques argileuses	0.20	7.10
11 Sable argileux gris-brun micacé avec lapilli	0.50	7.65
12 Sable lapilleux micacé avec trachytes	1.30	8.95
13 Sable argileux avec trachytes	1.35	10.30
14 Lapilli argileux	1.30	11.60
15 Tasse gris-blanchâtre très-dur	0.69	12.29
16 Tuf gris-jaunâtre de Pausilippe	3.21	15.50
17 Tuf gris-verdâtre d'Ischia	9.10	24.60
18 Tasso très-dur gris-foncé micacé	0.80	25.40
19 Gravier trachytique	2.65	28.05
20 Tuf vert dur	7.62	35.67
21 Sable trachytique gris-noirâtre, avec beaucoup de *cardium*	2.33	38.00
22 Sable lapilleux gris-jaunâtre	2.60	40.60

	Épaisseur des couches.	Profondeur du sondage.
	m.	m.
23 Argile noirâtre ligniteuse	2.60	43.20
24 Sable lapilleux et trachytique grisâtre	0.80	44.00
25 Lapilli avec sable trachytique	1.50	45.50
26 Sable lapillo-argileux	10.20	55.70
27 Sable noirâtre-gris argilo-lapilleux	1.00	56.70
28 Lapilli blanc grisâtre	0.80	57.50
29 Gros sable trachytique mélangé de lapilli	0.50	58.00
30 Sable trachytique noir-fin avec scories à cristaux	0.40	58.40
31 Scories à cristaux d'amphigène décomposé (non traversé)	0.95	59.35

Le niveau des eaux des puits ordinaires, au mois de mai 1867, était — 2m.60; au 15 juin 1867, à — 4m.63 au-dessous du sol.

La première nappe d'eau ascendante a été rencontrée de 35.67 à 38m. Son niveau s'établit à — 0.65, au-dessus du sol.

La deuxième nappe d'eau jaillissante a été rencontrée de 44 à 45.50. Son niveau s'est élevé à + 1.50, au-dessous du sol. Débit : 240 litres par minute à 0.30 au-dessus du sol.

EXPLICATION DES PLANCHES.

Planche I.

Fig. 1. — Carte des environs de Naples.

1 Bouche latérale du 12 mars 1868.
2 Cratère central du Vésuve
3 Solfatare.
3' Mont Olibano.
4 Bains de Néron.
5 Lac d'Agnagno.
6 Grotte du Chien.
7 Lac Fusare.
8 Astroni.
9 Cratère de Pianura.
10 Fossa Lupara
11 Cigliano.
14 Campiglione.
15 Lac Averne.
16 Lac Lucrain.
17 Monte Nuovo.
18 Monte Rotaro.
19 Mont Thabor.
20 Montagnone.
21 Coulée de l'Arso.
22 Bains de Santa-Restituta.
23 Mont Epomeo.
24 Monte Vico.

Planche II.

Fig. 2. — Carte du sommet de l'Etna et du Val del Bove.

D'après la carte de M. Valerius de Waltershausen.

1 Cratère central.
2 — de 1809.
3 — de 1811.
4 — de 1819.
5 — de 1852.
6 — de 1865.

Planche III.

Fig. 3. — Carte des environs de Rome,

D'après la carte de M. Rath.
Zeitschrift d. d. g. Gess. XVIII.

Planche IV.

Fig. 4. — Coupe idéale du cratère du Vésuve en avril 1865.

1 Somma.
2 Vésuve.
3 Grand cratère.
4 Petit cône intérieur.

Fig. 5. — Vue du Vésuve le 22 avril 1868.

1 Somma.
2 Vésuve.
3 Plateforme indiquant l'ancien cratère.
5 Bouche par où sortait la coulée de lave. (5').

Fig. 6.—Vésuve du temps de Strabon

La ligne ponctuée indique la forme actuelle de la montagne.

1 Somma, partie existant encore.
1' — — aujourd'hui détruite

Fig. 7.—Coupe des bords de l'Astroni, du côté Sud-Est du cratère des Champs-Phlégréens.

a Tuf gris-blanchâtre, renfermant de nombreux blocs de ponce et de

trachyte compacte, inclinaison variable.
d Débris éboulés de tuf.
T Trachyte.

Fig. 8. — Coupe prise dans l'escarpement du Pausilippe, près Naples.

J Tuf jaunâtre compacte.
S Tuf sableux, avec fragments de ponce et d'obsidienne, incl. 8 à 20°

PLANCHE V.

Fig. 9. — Coupe de la colline contre les bains de Santa Restituta, à la marine de Lacco à Ischia.

1 Tuf ponceux avec blocs éboulés de trachyte.
2 Argile grise (ancienne terre végétale). . 0.60.
3 Couche de lapillis de ponce, 0.60.
4 Tuf gris ponceux, 15 mètres.
a Maison.

Fig. 10.—Coupe du mont Vico à Ischia.

T Trachyte, *t* trachyte scoriacé.
f Tuf ponceux stratifié.
a Petit lit d'argile.

Fig. 11.— Coupe de la Punta dell' Schiavo à Ischia.

T' Trachyte
f. Tuf ponceux.

PLANCHE VI.

Fig. 12. — Coupe théorique de la coulée du mont Thabor.

T Trachyte.
a Argile fossilifère exploitée pour faire des pannes.
b Argile rougie par la lave.
f Tuf volcanique avec couche de sable marin fossilifère.

Fig. 13. — Coupe au S.-E. des parois du ravin au S.-E. du Zoccolaro.

A Lave compacte.
B Cendres et scories.
A'A' Banc de lave en stratification discordante avec les couches voisines

Fig. 13. — Coupe de la partie supérieure des falaises à Acireale, sous *Il Tocco*, , ancien fort.

1 Lave scoriacée, 3 m. au maximum
2 Lave compacte, de 2 à 4 mètres.
3 Lave scoriacée.
4 Argile sableuse d'origine volcanique renfermant de nombreux fragments de lapillis, 1 à 2 mètres.
4' Partie rougie au contact de la lave.
5 Fragments de scories dans du sable volcanique un peu argileux, 1 m.
6 Sable volcanique avec débris de scories, 1 m.
7 Lave compacte.

Fig. 15. — Cap sud de Terza (îles Cyclopes), destiné à montrer le contact de la marne (M) et de la lave (L).

Fig. 16. — Coupe théorique des monts Albains.

S Lava sperone du premier système.
S' Lava sperone du second système.
L Leucitophyre du second système.
P Pépérino du 3e système.

PLANCHE VII.

Fig. 17. — Coupe du terrain diluvien de la rive droite du Tibre à Monte Mario et San Onofrio.

P Sables, grès et conglomérats du terrain pliocène.
a Argile brune-rougeâtre, avec fragments de roches volcaniques (ancienne terre végétale ?)

a' Argile brune-rougeâtre.
a'' Argile jaune, limon, 2 m.
b.b' Argile avec fragments de lave grise et de ponce.
C Conglomérat ponceux, 0.80.
c.c' Conglomérat ponceux, 0.20.
d.d' Argile brunâtre, avec petits fragments de ponce, 0.50.
e.e' Conglomérat ponceux, 0.20 à 0.40
f.f' Argile brunâtre, avec petits fragments de ponce, 1 m.
f'' Limon sableux jaune, 1 m.
g Conglomérat ponceux, 0.40.
h Argile avec débris de ponce, 1 m.
k Argile avec débris de ponce et nombreuses scories noires, 0.60.
k' Tuf formé de débris de scories noires et de ponce, 1 m.
k'' Argile avec débris de scories gris-noir et de ponce, 0.20 à 0.40; partie supérieure irrégulière.
m Grès fissile grisâtre, 0.15.
n Partie cachée par la végétation; argile?
n' Argile brune.
n'' Argile sableuse jaune-clair (limon) avec débris de roches volcaniques, 1 m.
o Argile sableuse jaunâtre (limon) 1 m

Fig. 18. — Coupe des carrières de Sainte-Agnès.

a Terre végétale, 0.50.
P Ponce, 0.50.
b Argile jaunâtre, avec cristaux de pyroxène, 1 m
D Diluvium; sable et cailloux roulés, 1 m.
M Marne d'eau douce, 5 m.
M' Id. id. 6 m.
h Tuf homogène, 0.50.
L Tuf lithoïde.
t Fragments de tuf brisés et remaniés.
f Faille.

Fig. 19. — Coupe d'une partie de la tranchée de chemin de fer entre Via Nomentana et Via Tiburtina.

M Marne d'eau douce, 6 m.
Tr Travertin dépendant des marnes, 1 m.
L Tuf lithoïde.
D Diluvium (cailloux roulés en stratification fluviale).

Fig. 20. — Carrière du Monte Verde

a Argile brune avec concrétions calcaires à la base, 1 m.
D Diluvium: cailloux roulés et sable, avec concrétions de grès et coquilles marines qui paraissent provenir du terrain pliocène, 2 m.
M Marne très-argileuse grise, avec une couche de concrétions calcaires à sa partie supérieure, 2 m.
b Argile avec beaucoup de leucite. 2 m.; à la base, cailloux non roulés de tuf.
h Tuf homogène, 2 m.
L Tuf lithoïde, 10 m.

Fig. 21. — Coupe d'une tranchée de chemin de fer près de la porte Saint-Paul.

a Argile avec débris de leucite et concrétions calcaires, 3 m.
b Tuf amphigénique noir passant à la Pouzzolane, 1.50 à 2 m.
c Argile jaune avec débris de leucite, 1.80.
p Ponce; épaisseur: 0.10.
p' Argile blanche légère; ponce décomposée?
D Diluvium, 0.50 à 2 m
M Marne blanche ou argile avec nombreux cristaux de leucite décomposé.

Fig. 22 — Coupe du Pépérino à Marino. sur la route d'Albano.

P Pépérino; épaisseur moyenne: 2 m.
c Cendres; épaisseur moyenne: 3 m.
c' Cendres du 1er système des monts Albains.
a Argile, 2 m.
a' Id. 0.20.

Lille-Imp. L. Danel

Pl. 1

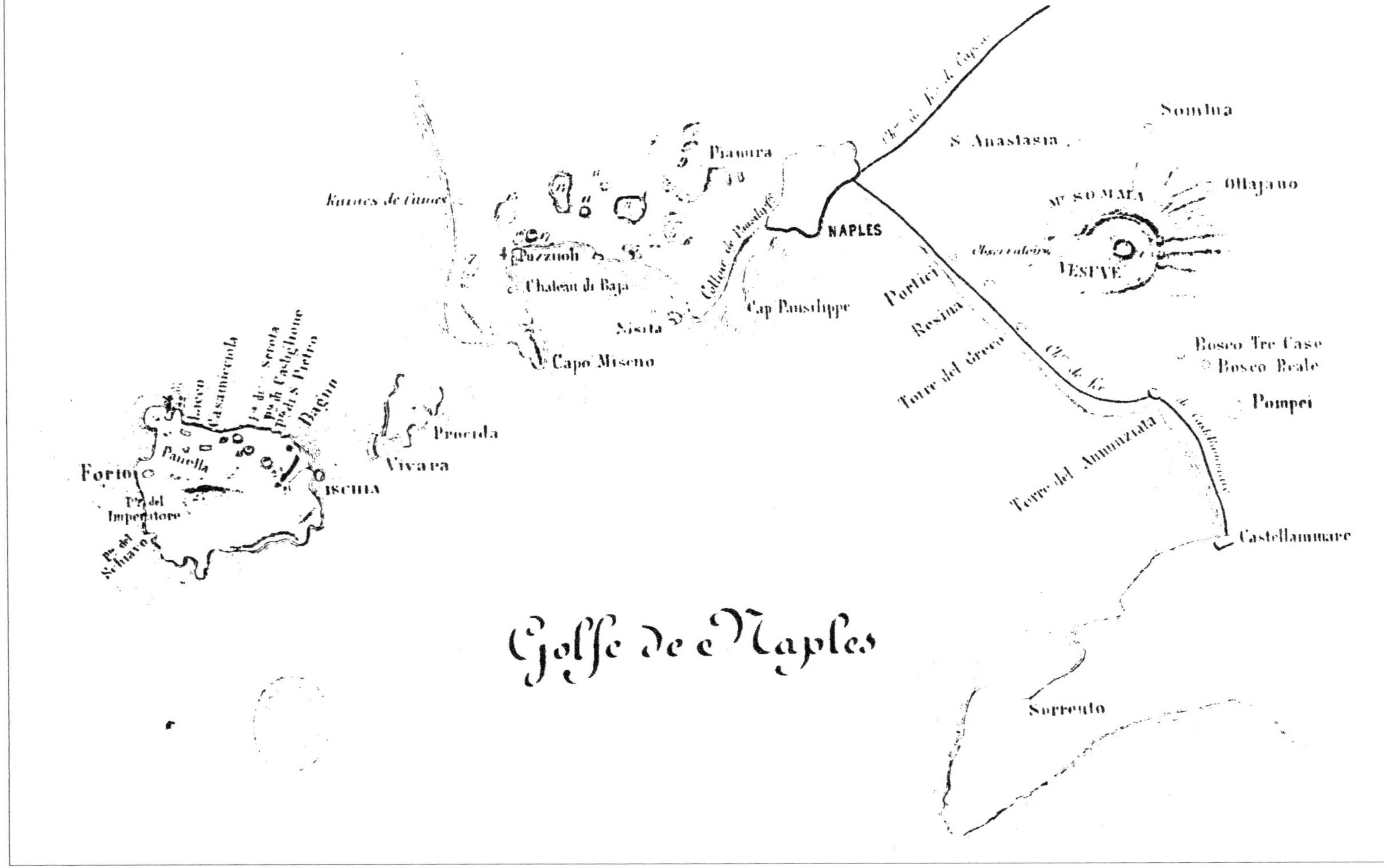

Somma
S. Anastasia
Ottajano
Mt SOMMA
VESUVE
Pianura
NAPLES
Portici
Resina
Torre del Greco
Cap Pausilippe
Nisita
Pozzuoli
Chateau di Baja
Capo Miseno
Bosco Tre Case
Bosco Reale
Pompei
Torre del Annunziata
Castellammare
Sorrento
Procida
Vivara
ISCHIA
Forio
Panella
Casamicciola
Lacco
Dagno
Pta del Imperatore
Golfe de Naples

PL. II

FIG. 2
CARTE
du Sommet de l'Etna
et du Val de Bove
Mt. Frumento
Montgibello
Rocca Musara
VAL DE BOVE
Mte Finnochio
Cava Grande
Milo
Montagnuola
Salto
del Gomenta
Mte Calanna
Trifoglietto
Zoccolaro
Cava Secca
Zaffarana

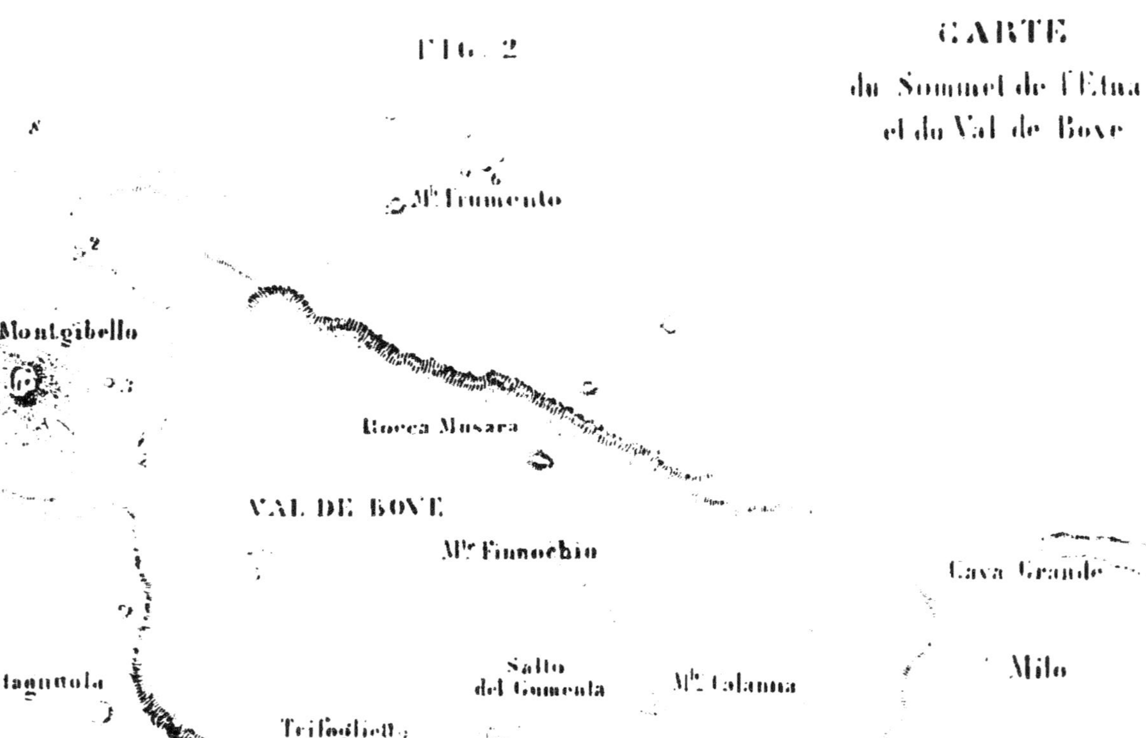

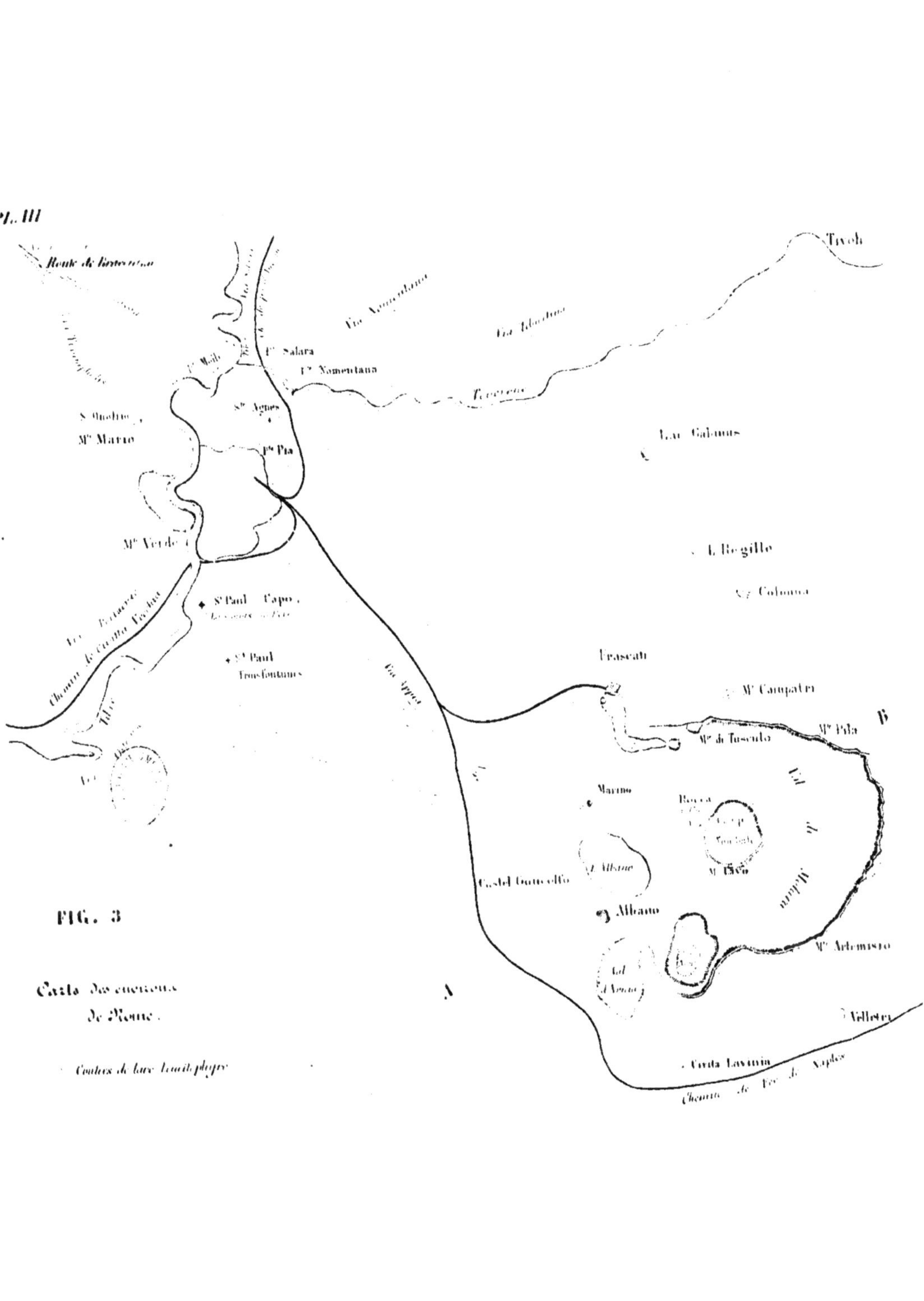
Pl. III
Route de Bertevezzo
F. Salara
F. Nomentana
S. Onofrio
Mt Mario
St Agnes
Pte Pia
Mt Verde
St Paul
St Paul Trois fontaines
Via Appia
Tivoli
Frascati
L. Regille
Colonna
Mt Campatri
Mt di Tusculo
Mt Pila
Marino
Castel Gandolfo
Albano
Mt Artemisio
Velletri
Civita Lavinia
Chemin de fer de Naples
FIG. 3
Carte des environs de Rome.

Pl. IV.

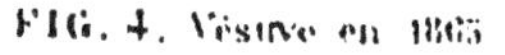

FIG. 4. Vésuve en 1865

FIG. 5. Vésuve en 1868

FIG. 6. Vésuve *du temps de Strabon*

FIG. 7. Cratère de l'Astroni

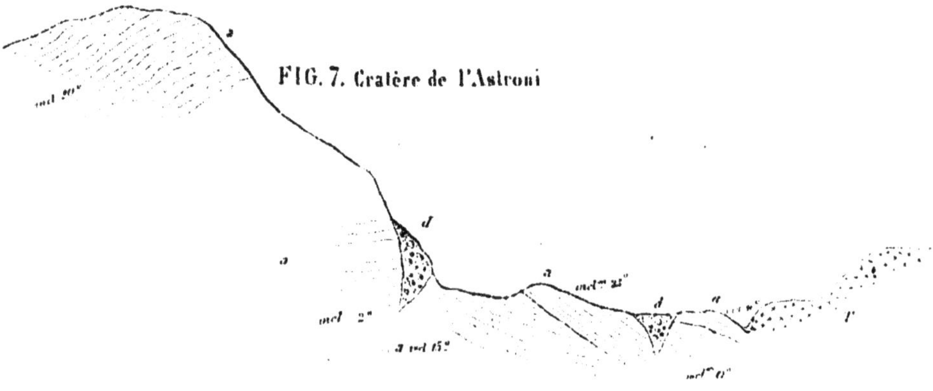

FIG. 8 Coupe prise dans l'escarpement de Pausilippe

PL. V

FIG. 9 COUPE DE LA COLLINE A LA CARRIÈRE DE LACCO

Bains de Santa Restituta

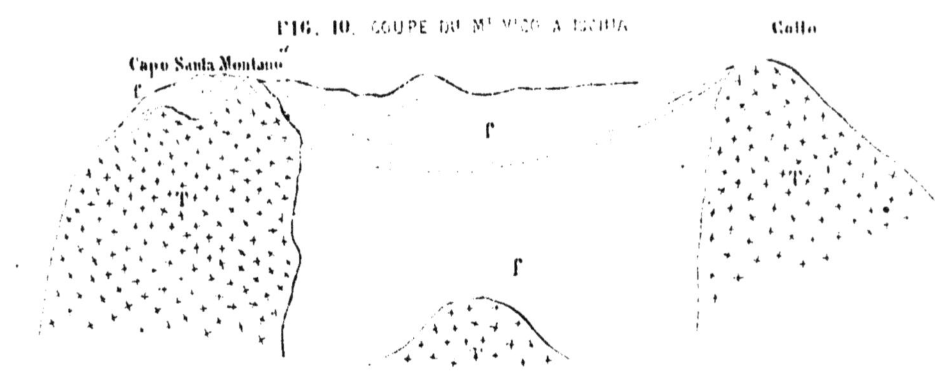

PL. VI

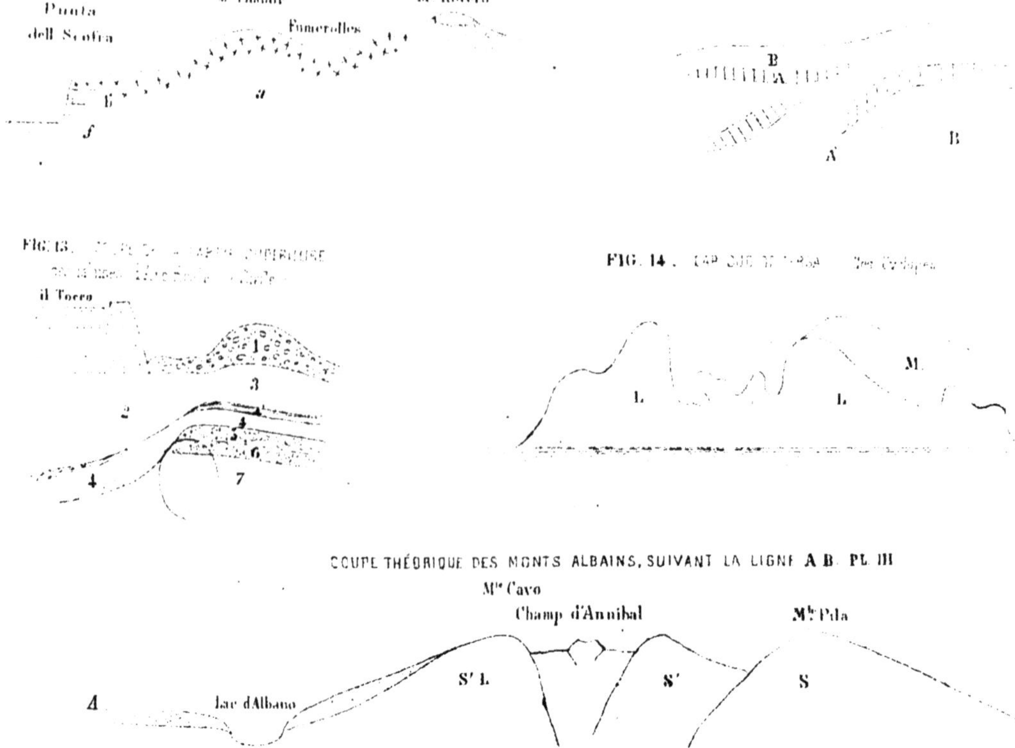

www.ingramcontent.com/pod-product-compliance
Ingram Content Group UK Ltd.
Pitfield, Milton Keynes, MK11 3LW, UK
UKHW022137190726
13855UKWH00003B/1203

9 782013 429726